全国高职高专机电类专业规划教材

电工实训指导书

主　编　朱　毅　凌启鑫
主　审　邱燕雷

黄河水利出版社
·郑州·

内 容 提 要

本书是全国高职高专机电类专业规划教材,是根据教育部对高职高专教育的教学基本要求及中国水利教育协会全国水利水电高职教研会制定的电工实训指导书课程标准编写完成的。全书内容共分9章及附录,要求学生通过电工技能实训掌握安全用电常识、常用电工工具与仪器仪表的使用方法、室内照明线路安装操作工艺、继电器控制电路的设计和故障分析与排除、PLC控制技术等基本知识与技能。

本书可作为高职高专院校电气工程类专业学生实训用书,也可供相关专业技术人员学习参考。

图书在版编目(CIP)数据

电工实训指导书/朱毅,凌启鑫主编.—郑州:黄河水利出版社,2013.2

全国高职高专机电类专业规划教材

ISBN 978-7-5509-0430-9

Ⅰ.①电… Ⅱ.①朱… ②凌… Ⅲ.①电工技术-高等职业教育-教学参考资料 Ⅳ.①TM

中国版本图书馆CIP数据核字(2013)第031637号

组稿编辑:王路平 电话:0371-66022212 E-mail:hhslwlp@163.com
简 群 66026749 w_jq001@163.com

出 版 社:黄河水利出版社

地址:河南省郑州市顺河路黄委会综合楼14层 邮政编码:450003

发行单位:黄河水利出版社

发行部电话:0371-66026940、66020550、66028024、66022620(传真)

E-mail:hhslcbs@126.com

承印单位:黄河水利委员会印刷厂

开本:787 mm×1 092 mm 1/16

印张:8.5

字数:200千字 印数:1—4 100

版次:2013年2月第1版 印次:2013年2月第1次印刷

定价:20.00元

前　言

本书是根据《教育部关于全面提高高等职业教育教学质量的若干意见》（教高[2006]16号）、《教育部关于推进高等职业教育改革创新引领职业教育科学发展的若干意见》（教职成[2011]12号）等文件精神，由全国水利水电高职教研会拟定的教材编写规划，在中国水利教育协会指导下，由全国水利水电高职教研会组织编写的机电类专业规划教材。该套规划教材是在近年来我国高职高专院校专业建设和课程建设不断深化改革和探索的基础上组织编写的，内容上力求体现高职教育理念，注重对学生应用能力和实践能力的培养；形式上力求做到基于工作任务和工作过程编写，便于"教、学、练、做"一体化。该套规划教材是一套理论联系实际、教学面向生产的高职高专教育精品规划教材。

本书是根据教育部关于高职高专应用型人才培养目标，为满足高职高专院校电气工程类专业学生实践技能培养规格的要求，进一步提升专业服务产业的能力，并结合维修电工国家职业资格技术等级的要求编写而成的。

本书结合维修电工应知应会的技能要求，依照由浅入深的原则，在内容编排上，着重于"淡化理论，够用为度，培养技能，重在应用"，力求抓住"实践能力培养"这条主线，注重理论与实践相结合，突出动手操作训练，强调精讲多练和对学生进行规范化的工程技能训练，注意广泛性、科学性和实用性的结合，从工程实际的角度出发，培养学生的动手能力、分析和解决实际问题的能力，使其具备一定的工程设计能力和创新意识。全书内容共分9章及附录，要求学生通过电工技能实训掌握安全用电常识、常用电工工具与仪器仪表的使用方法、室内照明线路安装操作工艺、继电器控制电路的设计和故障分析与排除、PLC控制技术等基本知识与技能。

本书编写人员及编写分工如下：福建水利电力职业技术学院朱毅编写第一至七章，福建水利电力职业技术学院凌启鑫编写第八、九章及附录。本书由朱毅、凌启鑫担任主编，由福建水利电力职业技术学院邱燕雷担任主审。

在编写过程中，参考了部分相关教材和技术文献，在此也向相关作者表示衷心的感谢！

由于编者水平有限，加之时间仓促，书中难免有疏漏和不妥之处，敬请广大读者批评指正。

编　者

2012年12月

目　录

第一章　安全用电常识

实训项目一　安全用电基础知识

一、实训目的

了解人体触电的类型和危害，掌握电工基本安全知识。

二、实训内容

(1)针对某一起人身触电事故，指出其触电形式。

(2)指出在某场所发现的人身、设备违规现象和用电隐患，并纠正其错误。

三、相关知识

(一)人身触电事故概述

电流流过人体时对人体内部造成的生理机能的伤害称为人身触电事故。电流对人体伤害的严重程度一般与通过人体的电流的大小、时间、部位、频率和触电者的身体状况有关。流过人体的电流越大，危险越大；电流通过人体脑部和心脏时最为危险；工频电流对人体的危害要大于直流电流。不同电流对人体的影响见表 1-1。

表 1-1　不同电流对人体的影响

电流(mA)	通电时间	通工频电流时的人体反应	通直流电流时的人体反应
0～0.5	连续通电	无感觉	无感觉
0.5～5	连续通电	有麻刺感	无感觉
5～10	数分钟以内	痉挛、剧痛，但可摆脱电源	有针刺感、压迫感及灼热感
10～30	数分钟以内	迅速麻痹、呼吸困难、血压升高，不能摆脱电源	压痛、刺痛、灼热感强烈，并伴有抽筋
30～50	数秒钟到数分钟	心跳不规则、昏迷、强烈痉挛、心室颤动	感觉强烈、剧痛，并伴有抽筋
50 至数百	低于心脏搏动周期	受强烈冲击，但未发生心室颤动	剧痛、强烈痉挛、呼吸困难或麻痹
	高于心脏搏动周期	昏迷、心室颤动、呼吸麻痹、心脏麻痹	

当流过成年人体的电流为 0.7～1 mA 时便能够被感觉到，称之为感知电流。虽然感

知电流一般不会对人体造成伤害，但是随着电流的增大，人体反应变得强烈，可能造成坠落事故。触电后能自行摆脱的最大电流称为摆脱电流。对于成年人而言，摆脱电流约在 15 mA 以下，摆脱电流被认为是人体在较短时间内可以忍受而一般不会造成危险的电流。在较短时间内会危及生命的最小电流称为致命电流。当通过人体的电流达到 50 mA 以上时则有生命危险。一般情况下，30 mA 以下的电流通常在短时间内不会造成生命危险，我们将其称为安全电流。

触电事故对人体造成的直接伤害主要有电击和电伤两种。电击是指电流通过人体细胞、骨骼、内脏器官、神经系统等造成的伤害。电伤一般是指电流的热效应、化学效应和机械效应对人体外部造成的局部伤害，如电弧伤、电灼伤等。此外，人身触电事故经常对人体造成二次伤害。二次伤害是指触电引起的高空坠落、电气着火、爆炸等对人体造成的伤害。

(二)人体触电的类型

1. 单相触电

由于电线绝缘破损、导线金属部分外露、导线或电气设备受潮等原因，其绝缘部分的能力降低，导致站在地上的人体直接或间接地与相线接触，这时电流就通过人体流入大地而造成单相触电事故，如图 1-1 所示。

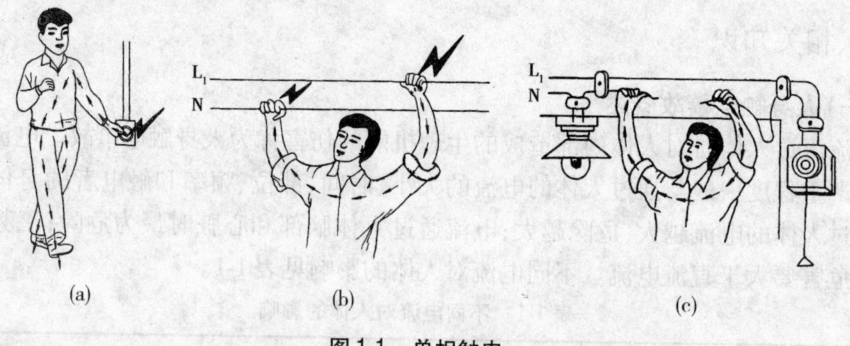

图 1-1　单相触电

2. 两相触电

两相触电是指人体同时触及两相电源或两相带电体。电流由一相经人体流入另一相时加在人体上的最大电压称为线电压，其危险性最大。两相触电如图 1-2 所示。

图 1-2　两相触电

3. 跨步电压触电

对于外壳接地的电气设备，当绝缘损坏而使外壳带电，或导线断落发生单相接地故障时，电流由设备外壳经接地线、接地体（或由断落导线经接地点）流入大地，向四周扩散。如果此时人站立在设备附近地面上，两脚之间也会承受一定的电压，称之为跨步电压。跨步电压的大小与接地电流、土壤电阻率、设备接地电阻及人体位置有关。当接地电流较大时，跨步电压会超过允许值，发生人身触电事故。特别是在发生高压接地故障或雷击时，会产生很高的跨步电压，如图 1-3 所示。跨步电压触电也是危险性较大的一种触电方式。

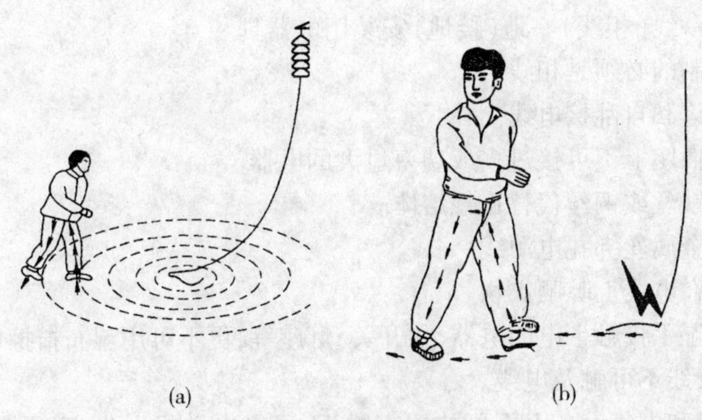

图1-3　跨步电压触电

此外，还有感应电压触电、剩余电荷触电等。

(三)人身安全知识

(1)在维修或安装电气设备、电路时，必须严格遵守各项安全操作规程和规定。

(2)在操作前，应对所用工具的绝缘手柄、绝缘手套和绝缘靴等安全用具的绝缘性能进行测试，有问题的不可使用，应马上调换。

(3)进行停电操作时，应严格遵守相关规定，切实做好防止突然送电的各项安全措施，如锁上刀开关，并悬挂"有人工作，不许合闸"的警告牌等，绝不允许约定时间送电。

(4)操作时，如果邻近带电器件，应保证有可靠的安全距离。

(5)操作人员在进行登高作业前，必须仔细检查登高工具(例如安全带、脚扣、梯子)是否牢固可靠。未经登高训练的人员，不允许进行登高作业。登高作业时应使用安全带。

(6)当发现有人触电时，应立即采取正确的抢救措施。

(四)设备运行安全知识

(1)对于出现异常现象(例如过热、冒烟、异味、异声等)的电气设备、装置和电路，应立即切断其电源，及时进行检修，只有在故障排除后，才可继续运行。

(2)操作开关设备时，必须严格遵照操作规程。合上电源时，应先合上隔离开关(一般不具有灭弧装置)，再合上负荷开关(具有灭弧装置)；切断电源时，应先断开负荷开关，再断开隔离开关。

(3)在需要切断故障区域电源时，要尽量缩小停电范围。有分路开关的，应尽量切断故障区域的分路开关，避免越级切断电源。

(4)应避免电气设备受潮，设备放置位置应有防止雨、雪和水侵袭的措施。电气设备在运行时往往会发热，所以要有良好的通风条件，有的还要有防火措施。

(5)有裸露带电体的设备，特别是高压设备，要有防止小动物窜入造成短路事故的措施。

(6)所有电气设备的金属外壳都必须有可靠的保护接地或接零。

(7)对于有可能被雷击的电气设备，要安装防雷装置。

(五)安全用电注意事项

(1)没有掌握电气知识和技术的人员，不可安装和拆卸电气设备及电路。

(2)禁止用一线(相线)一地(接地)安装用电器具。

(3)开关控制的必须是相线。

(4)绝不允许私自乱接电线。

(5)在一个插座上不可接过多或功率过大的电器。

(6)不准用铁丝或铜丝代替正规熔体。

(7)不可用金属丝绑扎电源线。

(8)不允许在电线上晾晒衣物。

(9)不可用湿手接触带电的电器,如开关、灯座等,更不可用湿布揩擦电器。

(10)电视天线不可触及电线。

(11)电动机和电气设备上不可放置衣物,不可在电动机上坐立,雨具不可挂在电动机或开关等电器的上方。

(12)任何电气设备或电路的接线桩头均不可外露。

(13)堆放和搬运各种物资、安装其他设备时,要与带电设备和电源线相距一定的安全距离。

(14)在搬运电钻、电焊机和电炉等可移动电器前,应先切断电源,不允许拖拉电源线来搬移电器。

(15)发现任何电气设备或电路的绝缘有破损时,应及时对其进行绝缘恢复。

(16)在潮湿环境中使用可移动电器时,必须采用额定电压为 36 V 的低压电器,若采用额定电压为 220 V 的电器,其电源必须采用隔离变压器;在金属容器如锅炉、管道内使用可移动电器时,一定要用额定电压为 12 V 的低压电器,并要加接临时开关,还要有专人在容器外监护;低压可移动电器应装特殊型号的插头,以防插入电压较高的插座。

(17)雷雨时,不要接触或走近高压电杆、铁塔和避雷针的接地导线,不要站在高大的树木下,以防雷电入地时发生跨步电压触电;禁止在室外的变电所或室内的架空引入线上进行作业。

(18)切勿走近断落在地面上的高压电线,万一高压电线断落在身边或已进入跨步电压区域,要立即单脚或双脚并拢跳到 10 m 以外的地方。为了防止跨步电压触电,千万不可奔跑。

四、实训工具与器材

(1)工具:钢丝钳、绝缘手套、绝缘靴、安全带、脚扣、梯子。

(2)器材:万用表、绝缘电阻表、人体模型、电气柜、电动机、开关、插座、灯座、导线。

五、实训要求

(1)利用人体模型模拟触电事故或模拟各种人身、设备违规现象及用电隐患。

(2)正确判断触电类型或指出违规现象,并加以纠正。

六、实训考核

实训考核成绩评分标准见表 1-2。

表 1-2　实训考核成绩评分标准

序号	主要内容	考核要求	评分标准	配分	扣分	得分
1	基本安全知识	熟练掌握电工基本安全知识	(1)不能正确指出不安全现象扣10~30分;	30		
			(2)不能正确采取安全措施扣10~30分;	30		
			(3)操作不正确扣10~30分	30		
2	安全文明生产	能够保证人身、设备安全	违反安全文明操作规程扣5~10分	10		
备注			合计	100		
		教师签字		年	月	日

实训项目二　电气火灾消防基本操作

一、实训目的

掌握电气火灾基础知识及消防器材的使用方法。

二、实训内容

采取正确的方法对模拟发生火灾的电气柜实施灭火实训。

三、相关知识

(一)发生电气火灾的原因

在火灾事故中,电气火灾所占比重比较大,几乎所有的电气故障都可能导致电气火灾,特别是在可能存在石油液化气、煤气、天然气、汽油、柴油、酒精、棉、麻、化纤织物、木材、塑料等易燃易爆物的场所。另外,一些设备本身可能会产生易燃易爆物,如设备的绝缘油在电弧作用下分解和汽化,喷出大量的油雾和可燃气体;酸性电池排出氢气并形成爆炸性混合物等。一旦这些易燃易爆物遇到较高的温度和微小的电火花即有可能引起着火或爆炸。例如:短路时,短路电流为正常电流的几十倍甚至上百倍,可在短时间内使周边温度急剧升高,从而导致火灾;过载时,流经电路的电流将超过电路的安全载流量,电气设备长时间地工作在此状态下,有可能因设备、电路过热而引起火灾。此外,漏电、照明和电热设备开关动作、熔断器烧断、接触不良以及雷击、静电等,都可能引起高温高热或者产生电弧、放电火花,从而导致火灾或爆炸事故。

(二)预防电气火灾发生的措施

为了防止电气火灾事故的发生,首先应当正确地选择、安装、使用和维护电气设备及电气线路,并按规定正确采取各种保护措施。所有电气设备均应与易燃易爆物保持足够的安全距离,有明火的设备及工作中可能产生高温高热的设备,如喷灯、电热设备、照明设备等,使用后应立即关闭。其次,对于火灾及爆炸危险场所,即含有易燃易爆物、导电粉尘等容易引起火灾或爆炸的场所,应按要求使用防爆或隔爆型电气设备,禁止在易燃易爆场所使用非防爆型电气设备,特别是携带式或移动式设备;在可能产生电弧或电火花的地方,必须设法隔离或杜绝电弧及电火花的产生。外壳表面温度较高的电气设备应尽量远离易燃易爆物,在易燃易爆物附近不得使用电热器具,如必须使用,应采取有效的隔热措施。火灾及爆炸危险场所的电气线路应符合防火防爆要求,保证足够的导线截面和导线接头的紧密接触,采用钢管敷设并采取密封措施,严禁采用明敷方式。火灾及爆炸危险场所的接地(或接零)应高于一般场所的要求,接地(零)线不得使用铝线,所有接地(零)线应连接成连续的整体,以保证电流连续不中断,接地(零)连接点必须可靠并尽量远离危险场所。火灾及爆炸危险场所必须具有完善的防雷和防静电措施。此外,火灾及爆炸危险场所及与之相邻的场所,应用非可燃材料或耐火材料构筑。在火灾及爆炸危险场所,一般不应进行测量工作,应避免带电作业,更换灯泡等工作也应在断电之后进行。

预防电气火灾,首先应了解和预防静电的产生。静电的产生比较复杂,大量的静电荷积聚能够形成很高的电位。油在车船运输、管道输送中会产生静电,传送带上也会产生静电。这类静电现象在塑料、化纤、橡胶、印刷、纺织、造纸等行业是经常发生的,而这些行业发生火灾与爆炸的可能性往往很大。

静电的特点是静电电压很高,有时可高达数万伏;静电能量不大,发生人身静电电击时,触电电流往往瞬间被释放,一般不会有生命危险;绝缘体上的静电释放很慢,静电带电体周围很容易发生静电感应和尖端放电现象,从而产生放电火花或电弧。静电最严重的危害就是可能引起火灾或爆炸事故。特别是在易燃易爆场所,很小的静电火花极可能带来严重的后果。因此,必须对静电的危害采取有效的防护措施。

对于可能引起事故的静电带电体,最有效的措施就是通过接地将静电荷及时释放,从而消除静电的危害。通常,防静电接地电阻不大于 100 Ω。对带静电的绝缘体,应采取用金属丝缠绕、屏蔽接地等措施,还可以采用静电中和器。对容易产生尖端放电的部位,应采取静电屏蔽措施。对电容器、长距离线路及电力电缆等,在进行检修或试验工作前应先放电。

静电带电体的防护接地应有多处,特别是两端,都应接地。这是因为当导体因静电感应而带电时,其两端都将积聚静电荷,一端接地只能消除部分危险,未接地端所带电荷不能释放,仍存在事故隐患。

(三)电气消防常识

电气设备发生火灾时,为了防止触电事故,一般都在切断电源后才进行扑救。

1. 断电灭火

(1)电气设备发生火灾或引燃附近可燃物时,首先要切断电源。如果要切断整个车间或整个建筑物的电源,可在变电所、配电室断开主开关。在自动空气开关或油断路器等主开关没有断开前,不能随便断开隔离开关,以免产生电弧,发生危险。

(2)发生火灾后,用闸刀开关切断电源时,由于闸刀开关在发生火灾时受潮或烟熏,其绝缘强度会降低,最好用绝缘的工具操作。

(3)切断用磁力启动器控制的电动机时,应先断开接钮开关停电,然后再断开闸刀开关,防止带负荷操作产生电弧伤人。

(4)在动力配电盘上,只用作隔离电源而不用作切断负荷电流的闸刀开关或瓷插式熔断器叫总开关或电源开关。切断电源时,应先用电动机的控制开关切断电动机回路的负荷电流,使各个电动机停止运转,然后再用总开关切断配电盘的总电源。

(5)当进入建筑物内用各种电气开关切断电源已经比较困难或者已经不可能时,可以在上一级变(配)电所切断电源。当这样会影响较大范围供电,或由生活居住区的杆上变电台供电时,有时需要采取剪断电气线路的方法来切断电源。如需剪断对地电压在250 V以下的线路,可穿戴绝缘靴和绝缘手套,用断电剪将电线剪断。切断电源的地点要选择适当,剪断的位置应在电源方向即来电方向的支持物附近,防止导线剪断后掉落在地上造成接地短路触电伤人。对三相线路的非同相电线,应在不同部位剪断。在剪断扭缠在一起的合股线时,要防止两股以上合剪,否则会造成短路事故。

(6)城市生活居住区的杆上变电台上的变压器和农村小型变压器的高压侧,多用跌开式熔断器保护。如果需要切断变压器的电源,可以用电工专用的绝缘杆捅跌开式熔断器的"鸭嘴",熔丝管就会跌落下来,达到断电的目的。

(7)电容器和电缆在切断电源后仍可能有残余电压,因此即使可以确定电容器或电缆已经切断电源,但是为了安全起见,仍不能直接接触或搬动电缆和电容器,以防发生触电事故。电源切断后,电气火灾的扑救方法与一般火灾扑救方法相同。

2. 几种电气设备火灾扑救方法

1)发电机和电动机火灾扑救方法

发电机和电动机等电气设备都属于旋转电机类,这类设备的特点是绝缘材料比较少(这是和其他电气设备比较而言的),而且有比较坚固的外壳,如果附近没有其他可燃易燃物,且扑救及时,就可防止火灾扩大蔓延。由于可燃物质数量比较少,就可用二氧化碳、1211灭火器等扑救。大型旋转电机燃烧猛烈时,可用水蒸气和喷雾水扑救。实践证明,用喷雾水扑救的效果更好。对于旋转电机,火灾扑救时有一个共同的特点,就是不要用沙土扑救,以防硬性杂质落入电机内,使电机的绝缘和轴承等受到损坏而造成严重后果。

2)变压器和油断路器火灾扑救方法

变压器和油断路器等充油电气设备发生燃烧时,切断电源后的扑救方法与扑救可燃液体火灾的方法相同。如果油箱没有破损,可以用干粉、1211、二氧化碳灭火器等进行扑救。当油箱已经破裂,大量变压器油燃烧,且火势凶猛时,切断电源后可用喷雾水或泡沫扑救。对于流散的油火,可用喷雾水或泡沫扑救。当流散的油量不多时,也可用沙土压埋。

3)变(配)电设备火灾扑救方法

变(配)电设备有许多瓷质绝缘套管,这些套管在高温状态下遇急冷或不均匀冷却时容易爆裂而损坏设备,可能造成火势进一步蔓延扩大。所以,遇到这种情况最好用喷雾水灭火,并注意均匀冷却设备。

4)封闭式电烘干箱内的被烘干物质燃烧时的扑救方法

封闭式电烘干箱内的被烘干物质燃烧时,切断电源后,由于烘干箱内的空气不足,燃烧不能继续，温度下降，燃烧会逐渐停止。因此，发现电烘干箱冒烟时，应立即切断烘干箱的电源，并且不要打开烘干箱，不然，进入空气反而会使火势扩大。如果错误地往烘干箱内泼水，会使电炉丝、隔热板等遭受损坏而造成不应有的损失。

如果车间内的大型电烘干室内发生燃烧，应尽快切断电源。当可燃物质的数量比较多，且有蔓延扩大的危险时，应根据被烘干物质的情况，采用喷雾水枪或直流水枪扑救，但在没有做好灭火准备工作前，不应把烘干室的门打开，以防火势扩大。

3. 带电灭火

有时在危急的情况下，如等待切断电源后再进行扑救，就会有使火势蔓延扩大的危险，或者断电后会严重影响生产。这时为了取得扑救的主动权，就需要在带电的情况下进行扑救。带电灭火时应注意以下几点：

(1)必须在确保安全的前提下进行，应用不导电的灭火剂，如二氧化碳、1211、1301、干粉等进行灭火。不能直接用导电的灭火剂，如直射水流、泡沫等进行喷射，否则会造成触电事故。

(2)使用小型二氧化碳、1211、1301、干粉灭火器灭火时，由于其射程较近，要注意保持一定的安全距离。

(3)在灭火人员穿戴绝缘手套和绝缘靴、水枪喷嘴安装接地线的情况下，可以采用喷雾水灭火。

(4)如遇带电导线落于地面，则要防止跨步电压触电，扑救人员需要进入灭火时，必须穿上绝缘靴。

此外，有油的电气设备如变压器、油开关着火时，也可用干燥的黄沙盖住火焰，使火熄灭。

(四)电气火灾灭火器的使用

1. 干粉灭火器

干粉灭火器主要适用于扑救石油及其衍生产品、油漆、可燃气体和电气设备的初起火灾，但不可用于电动机着火时的扑救。

使用干粉灭火器时，先打开保险销，一手把喷嘴对准火源，另一手紧握导杆提环，将顶针压下，干粉即喷出。干粉灭火器的日常维护：需要每年检查一次干粉是否结块，每半年检查一次压力。发现结块时应立即更换，压力小于规定值时应及时充气、检修。干粉灭火器的使用方法如图1-4所示。

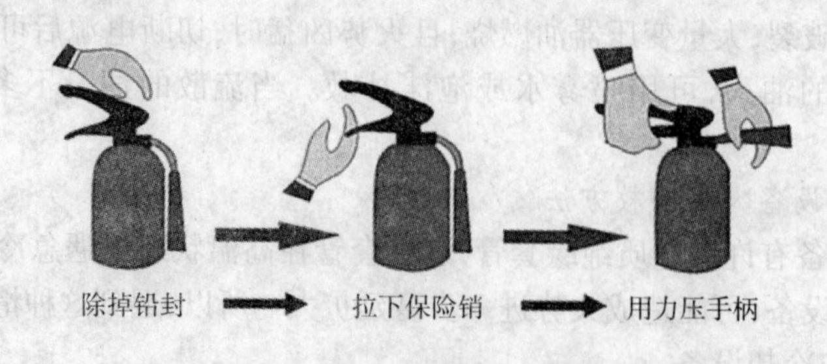

图1-4　干粉灭火器的使用方法

2. 二氧化碳灭火器

二氧化碳灭火器主要适用于扑救额定电压低于600 V的电气设备、仪器仪表、油脂及酸类物质的初起火灾,但不适用于扑灭金属钾、钠、镁、铝的燃烧。

使用二氧化碳灭火器时,一手拿喷筒,将喷嘴对准火源,另一手握紧"鸭舌",气体即可喷出。二氧化碳导电性差,当着火设备电压超过600 V时必须先停电后灭火。二氧化碳怕高温,存放点温度不得超过42 ℃。使用时,不要用手摸金属导管,也不要把喷筒对着人。喷射时,应朝顺风方向进行。二氧化碳灭火器的日常维护:需要每月检查一次,重量减至原来的1/10时,应充气。发现结块时应立即更换,压力小于规定值时应及时充气。二氧化碳灭火器的使用方法如图1-5所示。

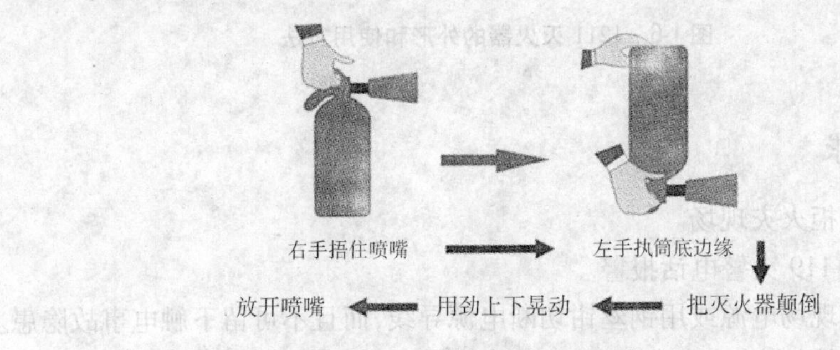

图1-5　二氧化碳灭火器的使用方法

3. 1211 灭火器

1211灭火器适用于扑救电气设备、仪表、电子仪器、油类、化工、化纤原料、精密机械设备及文物、图书、档案等的初起火灾。使用时,应手提灭火器的提把或肩扛灭火器到火场。在距燃烧处5 m左右,放下灭火器,先拔出保险销,一手握住开启压把,另一手握在喷射软管前端的喷嘴处。如灭火器无喷射软管,可一手握住开启压把,另一手扶住灭火器底部的底圈部分。将喷嘴对准燃烧处,用力握紧开启压把,使灭火器喷射。当被扑救的可燃液体呈流淌状时,使用者应对准火焰根部由近及远左右扫射,向前快速推进,直至火焰全部扑灭。如果可燃液体在容器中燃烧,应对准火焰左右晃动扫射,当火焰被赶出容器时,喷射流跟着火焰扫射,直至把火焰全部扑灭。但应注意,不能将喷射流直接喷射在燃烧液面上,防止灭火剂的冲力将可燃液体冲出容器而扩大火势,造成灭火困难。如果扑救可燃性固体物质的初起火灾,则将喷射流对准火焰根部由近及远反复横扫喷射,直到火焰熄灭,并及时采取其他措施,不让其复燃。

1211灭火器使用时不能颠倒,也不能横卧,否则灭火剂不会喷出。另外,在室外使用时,应选择在上风方向喷射;在窄小的室内,灭火后,操作者应迅速撤离,这是因为1211灭火剂有一定的毒性,以防对人体的伤害。1211灭火器的外形和使用方法如图1-6所示。

四、实训工具与器材

(1)工具:钢丝钳、绝缘手套、绝缘靴、沙子。

(2)器材:电话机、万用表、灭火器、导线、电气柜。

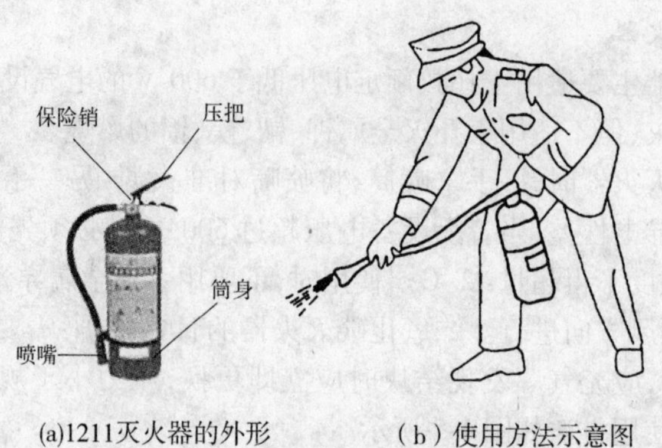

(a)1211灭火器的外形　　（b）使用方法示意图

图 1-6　1211 灭火器的外形和使用方法

五、实训要求

(1)模拟电气柜火灾现场。

(2)模拟拨打 119 火警电话报警。

(3)切断火灾现场电源或用钢丝钳切断电源导线，而且不可留下触电事故隐患。

(4)根据火灾特征，选用正确的消防器材。例如，操作二氧化碳灭火器时，左手握喷筒，并使其对准火源，右手压下“鸭舌”，使灭火剂直接喷向火源，火苗即被迅速扑灭。

(5)讨论、分析火灾产生原因，排除事故隐患。

(6)清理现场。

六、实训考核

实训考核成绩评分标准见表 1-3。

表 1-3　实训考核成绩评分标准

序号	主要内容	考核要求	评分标准	配分	扣分	得分
1	电气消防训练	掌握电气火灾的灭火方法	(1)不能采取正确方法扣 5 ~ 30 分；	30		
			(2)消防器材选用错误扣 30 分；	30		
			(3)操作步骤错误扣 10 ~ 30 分	30		
2	安全文明生产	能够保证人身、设备安全	违反安全文明操作规程扣 5 ~ 10 分	10		
备注			合计	100		
			教师签字	年	月	日

实训项目三　触电急救基本操作

一、实训目的

了解触电急救知识及掌握各种急救方法。

二、实训内容

模拟发现人身触电事故时，根据触电者的具体情况，采取相应的急救方法进行抢救。

三、相关知识

（一）触电急救常识

众多的触电抢救实例表明，触电急救对于减少触电伤亡是行之有效的。人触电后，往往会失去知觉或者出现假死，此时，触电者能否被救治的关键在于救护者是否能及时采取正确的救护方法。实际生活中，发生触电事故后能够施行正确救护者为数不多，其中多数触电者都具备急救的条件和救活的机会，但都因抢救无效而死亡。除发现过晚的因素外，救护者不懂得触电急救方法和缺乏救护技术，不能进行及时、正确的抢救，是未能使触电者生还的主要原因，这充分说明掌握触电急救知识的重要性。当发生人身触电事故时，应该首先采取以下措施：

（1）尽快使触电者脱离电源。如在事故现场附近，应迅速拉下开关或拔出插头，以切断电源；如距离事故现场较远，应立即通知相关部门停电，同时使用带有绝缘手柄的钢丝钳等切断电源，或者使用干燥的木棒、竹竿等绝缘物将电线移掉，从而使触电者迅速脱离电源。如果触电者身处高处，考虑到其脱离电源后有坠落、摔跌的可能，应同时做好防止人员摔伤的安全措施。如果事故发生在夜间，应准备好临时照明工具。

（2）当触电者脱离电源后，将触电者移至通风干燥的地方，在通知医务人员前来救护的同时，还应现场就地检查和抢救。首先使触电者仰面平卧，松开其衣服和裤带，检查其瞳孔是否放大、呼吸和心跳是否存在，再根据触电者的具体情况采取相应的急救措施。对没有失去知觉的触电者，应进行安抚，使其保持安静；对触电后精神失常的，应防止发生突然狂奔的现象。

（二）急救方法

（1）对失去知觉的触电者，若其呼吸不齐、微弱或呼吸停止而有心跳，应采用口对口人工呼吸法进行抢救。

口对口人工呼吸法的具体操作方法如图 1-7 所示。先使触电者头偏向一侧，清除口中的血块、痰液或口沫，取出口中假牙等杂物，使其呼吸道畅通，如图 1-7（a）所示；使触电者头部后仰，急救者深深吸气，捏紧触电者的鼻子，大口地向触电者口中吹气，如图 1-7（b）所示；然后放松触电者的鼻子，使之自身呼气，时间约 3 s，如图 1-7（c）所示。每 4 ~ 5 s 一次，每分钟约 12 次，重复进行，在触电者苏醒之前不可间断。

（2）对有呼吸而心脏跳动微弱、不规则或心跳已停的触电者，应采用胸外心脏按压法

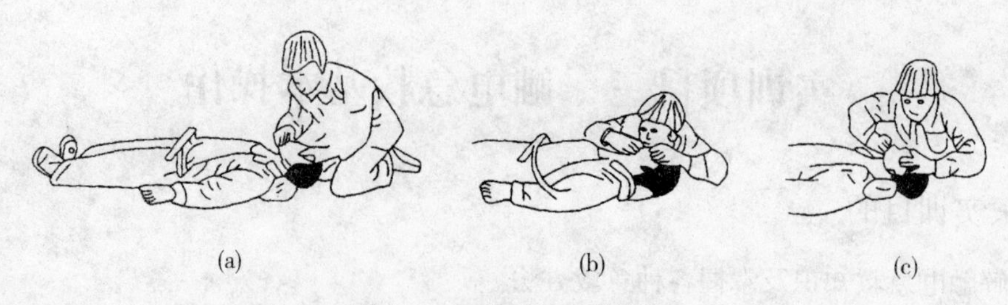

图 1-7　口对口人工呼吸法

进行抢救。

胸外心脏按压法的操作方法如图 1-8 所示。使触电者头部后仰，急救者跪跨在触电者臀部位置，右手掌置放在触电者的胸上，左手掌压在右手掌上，向下按压 3 ~ 4 cm 后，突然放松。按压和放松动作要有节奏，每秒钟 1 次（儿童 2 秒钟 3 次），按压时应位置准确，用力适当，用力过猛会造成触电者内伤，用力过小则无效。对儿童进行抢救时，应适当减小按压力度，在触电者苏醒之前不可中断。

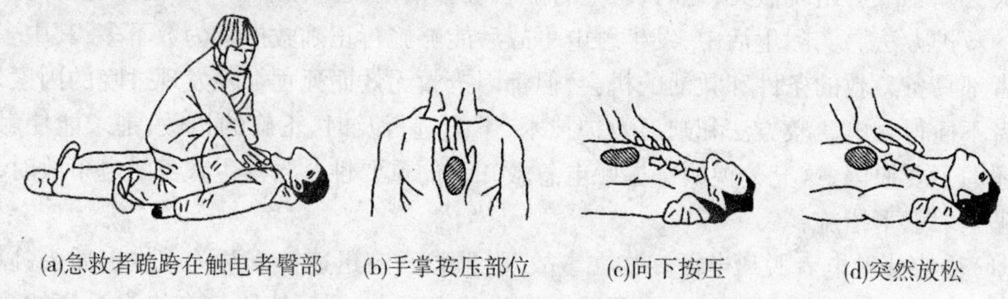

图 1-8　胸外心脏按压法

（3）对呼吸与心跳都停止的触电者的急救，应该同时采用口对口人工呼吸法和胸外心脏按压法。如急救者只有一人，应先对触电者吹气 3 ~ 4 次，然后再按压 7 ~ 10 次，如此交替重复进行，直至触电者苏醒。如果是两人合作抢救，则一人吹气，一人按压，吹气时应使触电者胸部放松，只可在换气时进行按压。

四、实训工具和器材

（1）工具：钢丝钳、木棒。

（2）器材：电话机、人体模型。

五、实训要求

（1）利用人体模型模拟人体触电事故。

（2）模拟拨打 120 急救电话。

（3）迅速切断触电事故现场电源，或用木棒从触电者身上挑开电线，使触电者迅速脱离触电状态。

（4）将触电者移至通风干燥处，使其身体平躺，躯体及衣物均处于放松状态。

（5）仔细观察触电者的生理特征，根据其具体情况，采取相应的急救方法实施抢救。

例如,运用口对口人工呼吸法进行抢救时,首先应去除触电者口中的杂物;接着,急救者左手捏紧触电者鼻子,右手挤压其面颊两侧,使其嘴张开;然后急救者深吸口气,并大口吹入触电者口中;接下来,放松触电者鼻子,使其自己将肺中气体排出。操作频率为每 4 ~ 5 s 一次,直至触电者苏醒,或救护车到来。

六、实训考核

实训考核成绩评分标准见表 1-4。

表 1-4 实训考核成绩评分标准

序号	主要内容	考核要求	评分标准	配分	扣分	得分
1	触电急救训练	掌握三种触电急救方法	(1)采取方法错误扣 20 ~ 30 分;	30		
			(2)按压力度、操作频率不合适扣 10 ~ 30分;	30		
			(3)操作步骤错误扣 10 ~ 30 分	30		
2	安全文明生产	能够保证人身、设备安全	违反安全文明操作规程扣 5 ~ 10 分	10		
备注			合计	100		
		教师签字		年	月	日

第二章　电工基本工具和仪表的使用

实训项目一　电工基本工具的使用

一、实训目的

熟练掌握各种电工基本工具的使用方法。

二、实训内容

（1）使用剥线钳、钢丝钳或电工刀，对几种常用导线采取相应的方法剥削绝缘层。

（2）使用钢丝钳和尖嘴钳，分别将 BV 1.5 mm^2、BV 2.5 mm^2、BV 4 mm^2 单股导线弯制成直径分别为 4 mm、6 mm、8 mm 的安装圈。

（3）使用螺钉旋具在木盘上进行拉线开关、平灯座、插座的安装和拆除。

（4）使用低压验电器对交流 220 V、110 V、36 V 的电源进行检测。

三、相关知识

（一）剥线钳

剥线钳是用来剥削小直径导线绝缘层的专用工具。使用剥线钳时，将要剥削的绝缘层长度用标尺定好后，把导线放入相应的刃口中（直径 0.5～3 mm），刃口大小应略大于导线芯线直径，否则会切断芯线，握紧绝缘手柄，导线的绝缘层即被割破，并自动弹出，如图 2-1 所示。

（二）斜口钳（断线钳）

斜口钳主要用于剪断较粗的电线、金属丝及导线电缆，还可直接剪断低压带电导线，如图 2-2 所示。

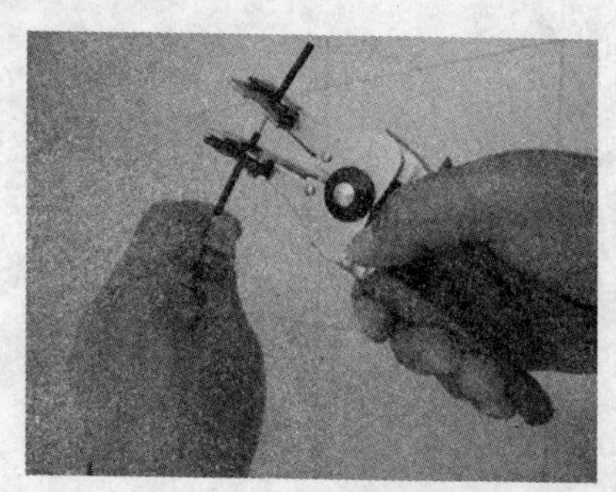

图 2-1　剥线钳的使用

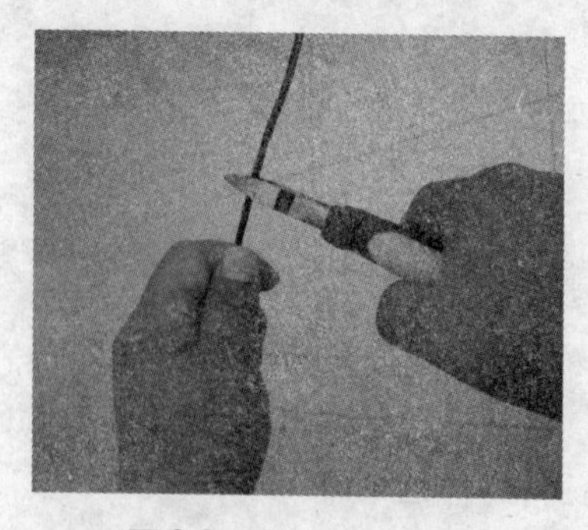

图 2-2　斜口钳的使用

（三）尖嘴钳

尖嘴钳的头部尖细，适用于在狭小的工作空间操作，主要用于夹持较小物件，也可用于弯铰导线，剪切较细导线和其他金属丝。电工使用的尖嘴钳是带绝缘手柄的，其绝缘手柄的绝缘耐压为 500 V，如图 2-3 所示。

（四）钢丝钳

钢丝钳主要用来弯铰或钳夹导线线头，齿口用来固紧或起松螺母，刃口用来剪切导线或剖切导线绝缘层，铡口用来剪切电线芯线或钢丝等较硬金属线，如图 2-4 所示。

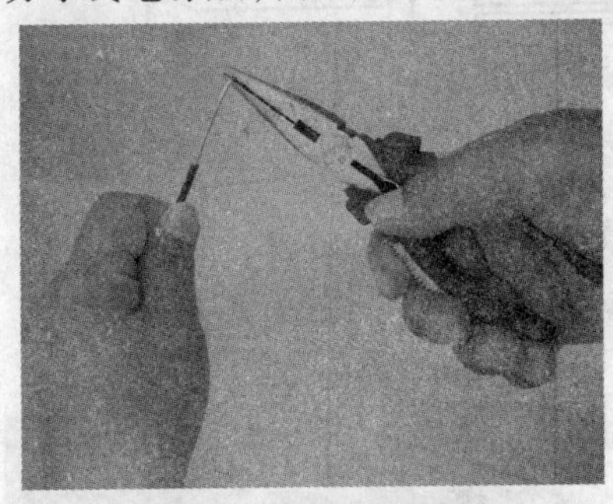

图 2-3　尖嘴钳的使用

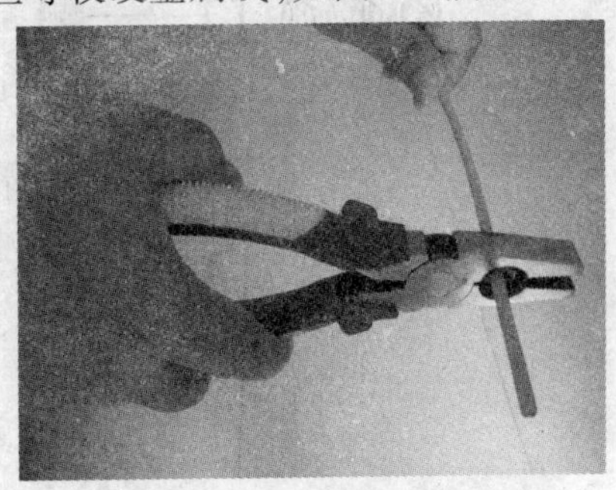

图 2-4　钢丝钳的使用

使用钢丝钳时主要应该注意以下两个方面：

（1）在使用电工钢丝钳前，首先应该检查绝缘手柄的绝缘是否完好，如果绝缘破损，进行带电作业时会发生触电事故。

（2）用钢丝钳剪切带电导线时，既不能用刃口同时切断相线和零线，也不能同时切断两根相线，而且两根导线的断点应保持一定距离，以免发生短路事故。

（五）验电器（验电笔）

低压验电器又称验电笔，是检测电气设备、电路是否带电的一种常用工具。普通低压验电器的电压测量范围为 60 ~ 500 V。使用验电器时，手拿验电器以一个手指触及金属盖或中心螺钉，使氖管小窗口背光朝自己，金属笔尖与被检查的带电部分接触，如氖灯发亮说明设备带电。灯愈亮则电压愈高，灯愈暗则电压愈低。低压验电器还有以下作用：

（1）区别电压高低。测试时可根据氖管发光的强弱来判断电压的高低。

（2）区别相线与零线。正常情况下，在交流电路中，当验电器触及相线时，氖管发光；当验电器触及零线时，氖管不发光。

（3）区别直流电与交流电。交流电通过验电器时，氖管里的两极同时发光；直流电通过验电器时，氖管两极中只有一极发光。

（4）区别直流电的正、负极。将验电器连接在直流电的正、负极之间，氖管中发光的一极为直流电的负极。

使用低压验电器时，要注意下列几个方面：

（1）使用低压验电器之前，首先要检查其内部有无安全电阻、是否有损坏、有无进水或受潮，并在带电体上检查其是否可以正常发光，检查合格后方可使用，如图 2-5 所示。

（2）测量时手指握住低压验电器笔身，食指触及笔身尾部金属体，低压验电器的小窗口应该朝向自己的眼睛，以便于观察，如图 2-6 和图 2-7 所示。

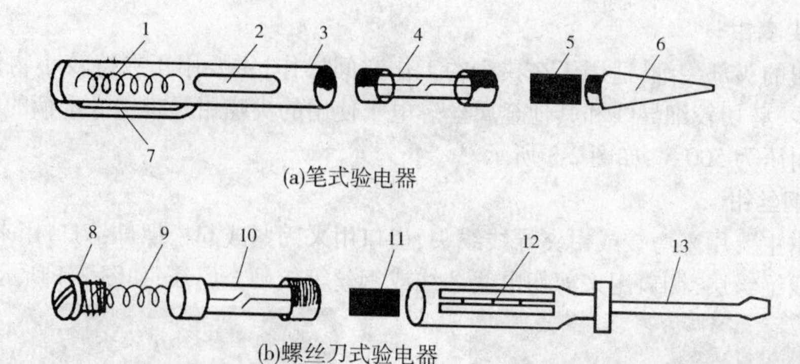

(a)笔式验电器

(b)螺丝刀式验电器

1、9—弹簧;2、12—观察孔;3—笔身;4、10—氖管;5、11—电阻;
6—笔尖探头;7—金属笔挂;8—金属螺钉;13—刀体探头

图 2-5　低压验电器的结构

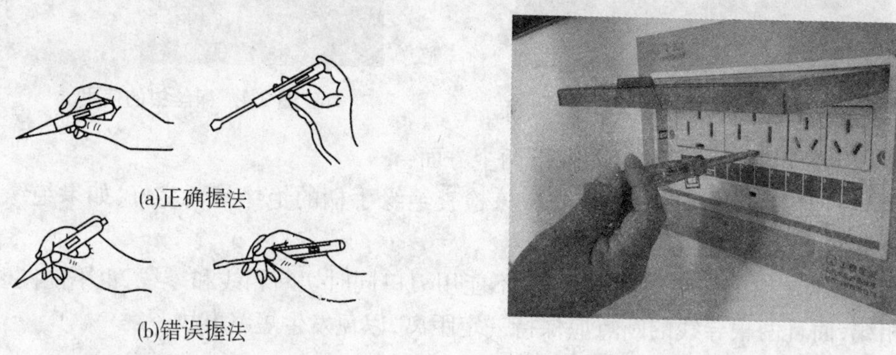

(a)正确握法

(b)错误握法

图 2-6　验电器的手持方法

图 2-7　验电器的使用

(3)在较强的光线下或阳光下测试带电体时,应采取适当的避光措施,以防观察不到氖管是否发亮,造成误判。

(4)当用低压验电器触及电动机、变压器等电气设备的外壳时,如果氖管发亮,则说明该设备的相线有漏电现象。

(5)用低压验电器测量三相三线制电路时,如果两根很亮而一根不亮,说明这一相有接地现象。在三相四线制电路中,当发生单相接地现象时,用低压验电器测量中性线,氖管也会发亮。

(6)低压验电器笔尖与螺钉旋具形状相似,但其承受的扭矩很小,因此应尽量避免用其安装或拆卸电气设备,以防受损。

(六)电工刀

电工刀主要用于剥削导线的绝缘层、切割木台缺口和削制木枕等。其外形如图 2-8(a)所示。在使用电工刀进行剥削作业时,应将刀口朝外,剥削导线绝缘层时,应使刀面与导线成较小的锐角,以防损伤导线;应注意避免伤手;使用完毕后,应立即将刀身折进刀柄。因为电工刀刀柄是无绝缘保护的,所以绝不能在带电导线或电气设备上使用,以免触电,如图 2-8(b)所示。

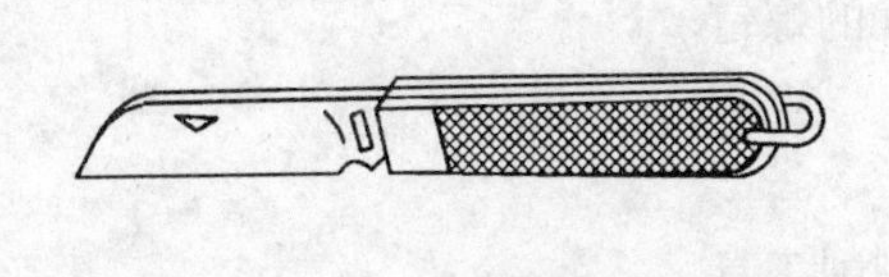

(a)

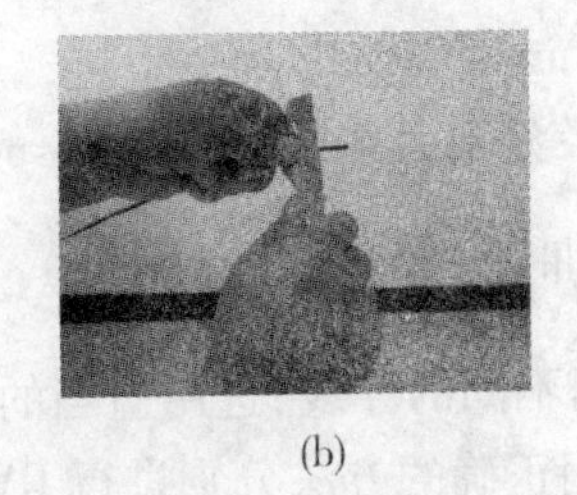

(b)

图 2-8　电工刀的使用

(七)螺钉旋具(螺丝刀)

螺丝刀可用来旋动头部带十字形或一字形槽的螺钉,如图 2-9、图 2-10 所示。螺丝刀的使用如图 2-11 所示。

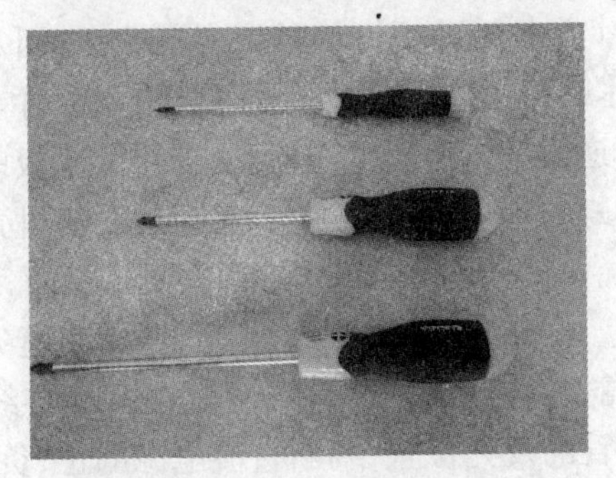

图 2-9　十字形螺丝刀

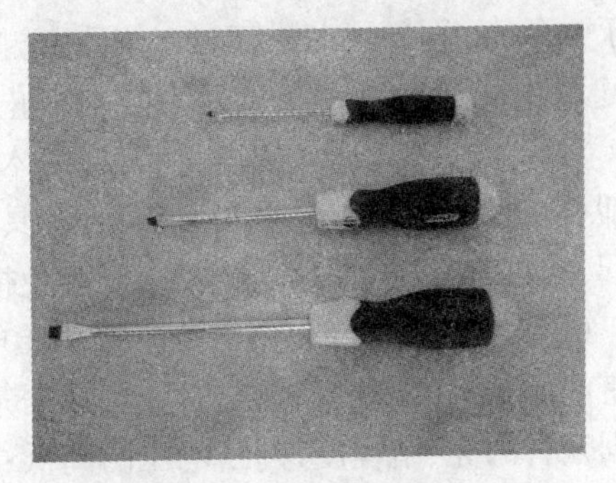

图 2-10　一字形螺丝刀

(八)手电钻

手电钻是一种头部装有钻头、内部装有单相换向器电动机,靠旋转钻孔的手持式电动工具,如图 2-12 所示。

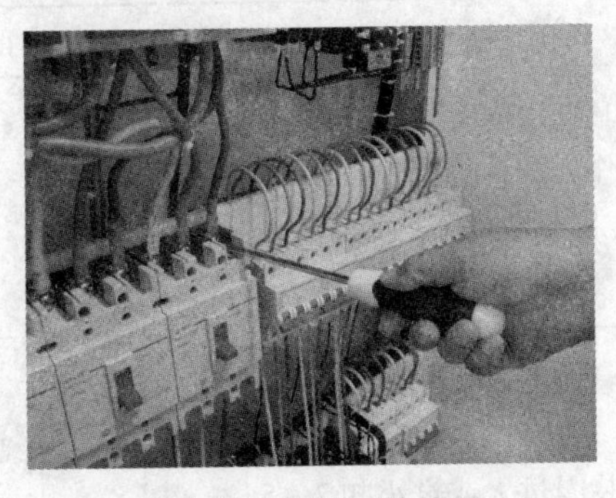

图 2-11　螺丝刀的使用

图 2-12　手电钻的使用

四、实训工具与器材

(1)工具:剥线钳、螺钉旋具、钢丝钳、尖嘴钳、电工刀。

(2)器材:拉线开关、平灯座、插座、木螺钉、木盘。

(3)BV 2.5 mm^2、BV 6 mm^2 单股导线,BLV 2.5 mm^2 护套线,BLX 2.5 mm^2 橡皮绝缘

导线，R 1.0 mm^2 双绞线。

(4)直径分别为 4 mm、6 mm、8 mm 的螺钉。

五、实训要求

(1)根据不同的导线，选用适当的剥削工具。

(2)采用正确的方法分别进行 BV 2.5 mm^2 单股导线、BLV 2.5 mm^2 护套线、BLX 2.5 mm^2 橡皮绝缘导线和 R 1.0 mm^2 双绞线绝缘层的剥削。

(3)用钢丝钳或尖嘴钳截取导线，根据安装圈的大小剥削导线部分绝缘层，将剥削绝缘层的导线向右折，使其与水平线成约 30°夹角，由导线端部开始均匀弯制安装圈，直至安装圈完全封口。安装圈完成后，穿入相应直径的螺钉，检验其误差。

(4)选用合适的螺钉旋具。用螺钉旋具头部对准木螺钉尾端，使螺钉旋具与木螺钉处于一条直线上，且木螺钉与木板垂直，按顺时针方向转动螺钉旋具。应当注意：固定好电气元件后，螺钉旋具的转动要及时停止，防止木螺钉进入木板过多而压坏电气元件。

对于拆除电气元件的操作，只要使木螺钉按逆时针方向转动，直至木螺钉从木板中旋出即可。操作过程中，如果发现螺钉旋具头部从螺钉尾端滑至螺钉与电气元件塑料壳体之间，螺钉旋具应立即停止转动，以避免损坏电气元件壳体。

(5)根据电源电压高低，正确选用验电工具。采用正确的方法握持验电器，使笔尖接触带电体，并仔细观察氖管的状态，根据氖管的亮、暗，判断相线(火线)和中性线(零线)；根据氖管的亮、暗程度，判断电压的高低；根据氖管的发光位置，判断直流电源的正、负极。

六、实训考核

实训考核成绩评分标准见表 2-1。

表 2-1　实训考核成绩评分标准

序号	主要内容	考核要求	评分标准	配分	扣分	得分
1	剥线钳的使用	熟练掌握常用导线绝缘层的剥削方法	(1)工具选用错误扣 10 分； (2)操作方法错误扣 2 ~ 5 分； (3)线芯有断丝、受损现象扣 5 ~ 10分	20		
2	钢丝钳和尖嘴钳的使用	熟练掌握钢丝钳和尖嘴钳的使用方法	(1)工具使用方法错误扣 5 ~ 10 分； (2)安装圈过大或过小扣 2 ~ 5 分； (3)安装圈不圆扣 2 ~ 5 分； (4)安装圈开口过大扣 5 分； (5)绝缘层剥削过多扣 5 ~ 10 分	20		

续表 2-1

序号	主要内容	考核要求	评分标准	配分	扣分	得分
3	电工刀的使用	正确掌握电工刀的使用方法	(1)操作方法错误扣5分； (2)线芯切断、有受损现象扣5～15分	15		
4	螺钉旋具的使用	熟练掌握螺钉旋具的使用方法	(1)螺钉旋具使用方法错误扣10分； (2)木螺钉旋入木板方向歪斜扣2～5分； (3)电气元件安装歪斜或与木板间有缝隙扣2～5分； (4)操作过程中损坏电气元件扣10分	15		
5	低压验电器的使用	熟练掌握低压验电器的使用方法	(1)使用方法错误扣10分； (2)电压高低判断错误扣20分； (3)直流电源极性判断错误扣5分	20		
6	安全文明生产	工作环境整洁，能够保证人身、设备安全	违反安全文明操作规程扣2～10分	10		
备注			合计	100		
			教师签字	年	月	日

实训项目二　电工常用仪表的使用

一、实训目的

熟练掌握万用表和兆欧表的使用方法。

二、实训内容

(1)用万用表测量电阻、交流电压、直流电压、直流电流。
(2)用兆欧表准确测出三相异步电动机定子的绝缘电阻。

三、相关知识

(一)万用表

1. 指针式万用表(以 sunwaYX－960TR 型万用表为例)

1)准备工作

(1)熟悉转换开关、旋钮、插孔等的作用。

(2)了解刻度盘上每条刻度线所对应的被测电量。

(3)将红表笔插入"+"插孔,黑表笔插入"-"插孔。

(4)机械调零。旋动万用表面板上的机械零位调整螺钉,使指针对准刻度盘左端的"0"位置(见图2-13)。

2)测量电压

(1)正确选择量程:量程的选择应尽量使指针偏转到满刻度的2/3左右。如果事先不清楚被测电压的大小,应先选择最高量程挡,然后逐渐减小到合适的量程。

(2)交流电压的测量:把转换开关拨到交流电压挡,选择合适的量程,将万用表两根表笔并接在被测电路的两端,不分正负极(见图2-14)。注意:其读数为交流电压的有效值。

图2-13 指针式万用表的机械调零

图2-14 用指针式万用表测交流电压

(3)直流电压的测量:把转换开关拨到直流电压挡,并选择合适的量程。把万用表并接到被测电路上,红表笔接到被测电压的正极,黑表笔接到被测电压的负极,即让电流从红表笔流入,从黑表笔流出(见图2-15)。

3)测量电阻

(1)选择合适的倍率挡。万用表欧姆挡的刻度线是不均匀的,所以倍率挡的选择以使指针停留在刻度线较稀的部分为宜,且指针越接近刻度尺的中间,读数越准确。一般情况下,应使指针指在刻度尺的1/3~2/3位置。

(2)欧姆调零。测量电阻之前,应将2个表笔短接,同时调节欧姆调零旋钮,使指针刚好指在欧姆刻度线右边的零位。每换一次倍率挡都要再次进行欧姆调零,以保证测量准确。

(3)读数。表头的读数乘以倍率就是所测电阻的电阻值(见图2-16)。

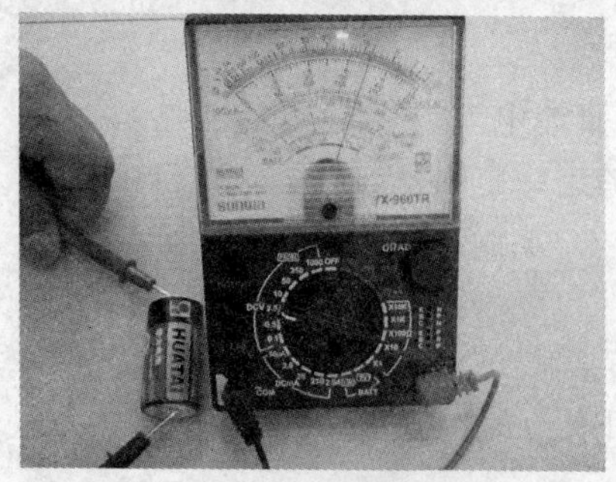

图2-15 用指针式万用表测直流电压

图2-16 用指针式万用表测电阻

4)测量直流电流

(1)测量直流电流时,将万用表的转换开关置于直流电流挡的 50 μA ~ 500 mA 的合适量程上。

(2)测量时必须先断开电路,然后按照电流从“+”到“-”的方向,将万用表串联到被测电路中,即电流从红表笔流入,从黑表笔流出(见图 2-17)。如果误将万用表与负载并联,则因表头的内阻很小,会造成短路,烧毁仪表。其读数方法:实际值 = 指示值 × 量程/满偏(见图 2-18)。

图 2-17　用指针式万用表测直流电流

图 2-18　电流的读数

2. 数字式万用表(以优德利 UT39A 型数字万用表为例)

1)直流(交流)电压的测量

(1)将红表笔插入“VΩ”插孔,黑表笔插入“COM”插孔。

(2)正确选择量程,将功能开关置于直流或交流电压量程挡,如果事先不清楚被测电压的大小,应先选择最高量程挡,根据读数需要逐步调低测量量程挡。

(3)将测试表笔并联到待测电源或负载上,从显示器上读取测量结果,如图 2-19 和图 2-20所示。

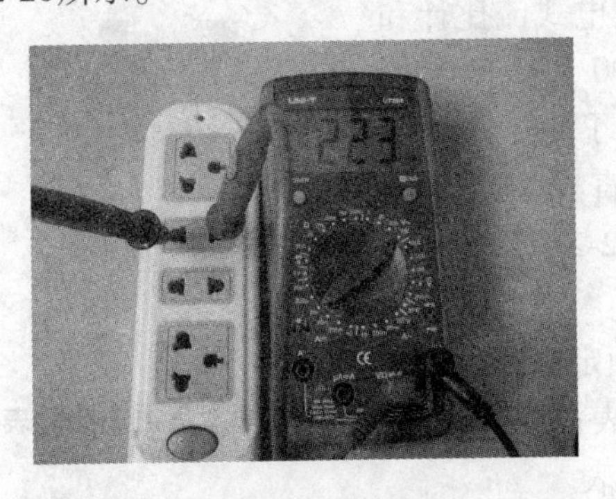

图 2-19　用数字式万用表测交流电压

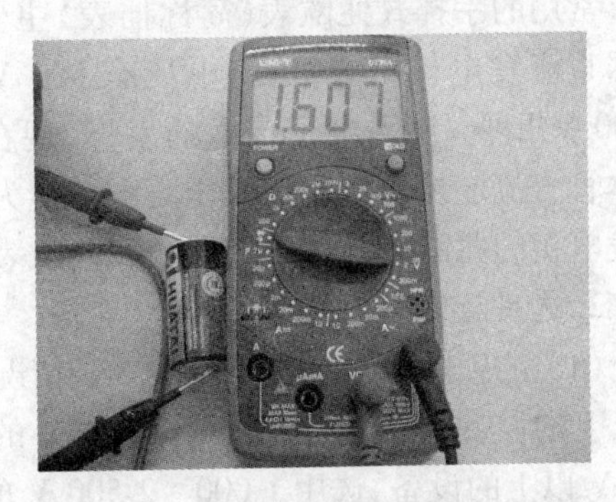

图 2-20　用数字式万用表测直流电压

2)电阻的测量

(1)将红表笔插入“VΩ”插孔,黑表笔插入“COM”插孔。

(2)将功能开关置于 Ω 量程,将测试表笔并联到待测电阻上。

(3)从显示器上读取测量结果,如图 2-21 所示,电阻为 2. 34 kΩ。

注意:测在线电阻时,须确认被测电路已关掉电源,同时电容已放完电,方能进行测量。

3)直流(交流)电流的测量

(1)将红表笔插入“mA”或“10 ~ 20 A”插孔(当测量200 mA以下的电流时,插入“mA”插孔;当测量200 mA及以上的电流时,插入“10 ~ 20 A”插孔),黑表笔插入“COM”插孔。

(2)将功能开关置于A－或A～量程,并将测试表笔串联到待测负载回路中(见图2-22)。

(3)从显示器上读取测量结果(如图2-23所示,电流为60 mA)。

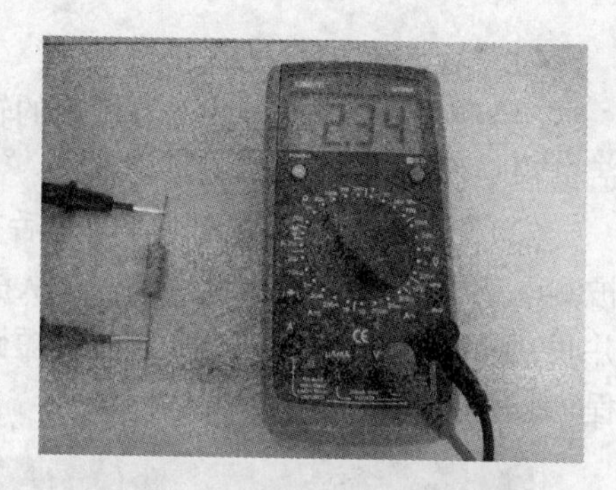

图2-21　用数字式万用表测电阻

图2-22　用数字式万用表测直流电流

图2-23　电流的读数

(二)兆欧表

1. 构成和用途

兆欧表是用来测量被测设备的绝缘电阻和高值电阻的仪表。兆欧表由一个手摇发电机、表头和三个接线柱,即L(电路端)、E(接地端)和G(屏蔽端)组成。

常用的手摇式兆欧表(简称摇表)主要由磁电式流比计和手摇直流发电机组成,输出电压有500 V、1 000 V、2 500 V、5 000 V几种。随着电子技术的发展,现在出现了用干电池及晶体管直流变换器把电池低压直流转换为高压直流,来代替手摇发电机的兆欧表。常用的手摇式兆欧表如图2-24所示。

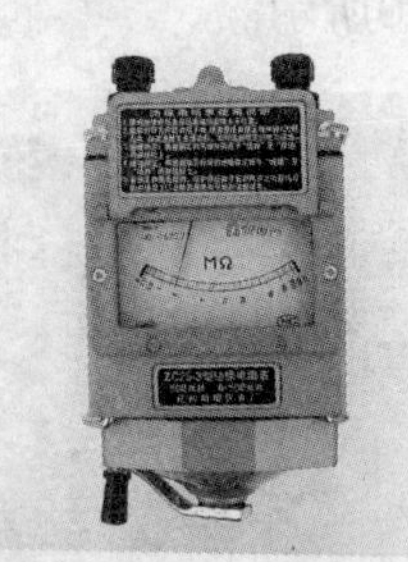

图2-24　手摇式兆欧表

2. 选用原则

(1)额定电压等级的选择。一般情况下,额定电压在500 V以下的设备,应选用500 V或1 000 V的兆欧表;额定电压在500 V以上的设备,选用1 000 ~ 2 500 V的兆欧表。

(2)电阻量程范围的选择。兆欧表的表盘刻度线上有两个小黑点,两个小黑点之间的区域为准确测量区域。所以,在选兆欧表时,应使被测设备的绝缘电阻值在准确测量区域内。

3. 使用方法

(1)校表。测量前,应对摇表进行一次开路和短路试验,检查摇表是否良好。将两连接线开路,摇动手柄,指针应指在“∞”处,再把两连接线短接一下,缓慢摇动手柄,指针应指在“0”处，符合上述条件者即良好，否则不能使用。

(2)保证被测设备或线路断电。被测设备应与电路断开，对于大电容设备还要进行放电。

(3)选用电压等级符合要求的摇表。

(4)测量绝缘电阻时，一般只用 L 端和 E 端，但在测量电缆对地的绝缘电阻或被测设备的漏电较严重时，就要使用 G 端，并将 G 端接屏蔽层或外壳。电路接好后，可按顺时针方向转动摇把，转动的速度应由慢而快，当转速达到 120 r/min 左右时（ZC－25 型），保持匀速转动 1 min 后读数，并且要边摇边读数，不能停下来读数。

(5)拆线放电。读数完毕，一边慢摇，一边拆线，然后将被测设备放电。放电方法是将测量时使用的地线从兆欧表上取下来与被测设备短接一下。注意，不是对表放电。兆欧表的接线方法如图 2-25 所示。

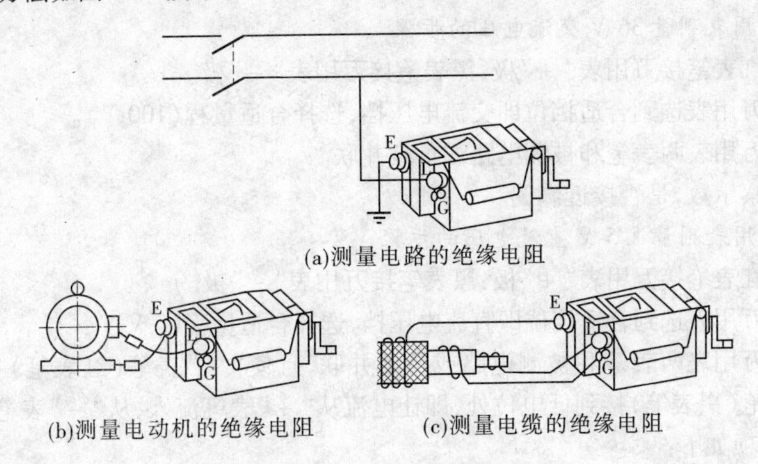

(a)测量电路的绝缘电阻

(b)测量电动机的绝缘电阻　(c)测量电缆的绝缘电阻

图 2-25　兆欧表的接线方法

四、实训工具与器材

(1)指针式万用表（sunwaYX－960TR 型）、数字式万用表（优德利 UT39A 型）、各种规格的电阻、交直流电源。

(2)5050 型兆欧表。

(3)三相异步电动机（型号为 Y－132M－4，功率为 7.5 kW，额定电压为 380 V，额定电流为 15.4 A）。

五、实训要求

(一)万用表使用

1. 用万用表测量 10 kΩ 电阻的步骤

(1)将红表笔接万用表“＋”极，黑表笔接万用表“－”极。

(2)选择合适挡位即欧姆挡，选择合适倍率。

(3)将红、黑表笔短接，看指针是否指零。如果不指零，可以通过调整调零旋钮使指针指零。

(4)取下待测电阻(10 kΩ),即使待测电阻脱离电源,将红、黑表笔并联在电阻两端。

(5)观察示数是否在刻度尺的中值附近。

(6)如指针偏转太小,则更换更小量程测量;反之,则更换更大量程测量。

注意事项如下:

(1)欧姆调零时,手指不要触摸表笔金属部分。

(2)每换一次倍率挡,都要重新进行欧姆调零,以保证测量准确。

(3)对于难以估计阻值大小的电阻,可以采用试接触法,观察表笔摆动幅度,摆动幅度太大,则要换大的倍率挡;反之,换小的倍率挡,使指针尽可能在刻度尺的1/3~2/3区域内。

(4)使待测电阻脱离电源部分。

(5)读数时,要使表盘示数乘以倍率。

2. 用万用表测量36 V交流电压的步骤

(1)将红表笔接万用表"+"极,黑表笔接万用表"-"极。

(2)将万用表选到合适挡位即交流电压挡,选择合适量程(100 V)。

(3)将万用表两表笔和被测电路或负载并联。

(4)观察示数,是否接近满偏。

3. 用万用表测量1.5 V直流电压的步骤

(1)将红表笔接万用表"+"极,黑表笔接万用表"-"极。

(2)将万用表选到合适挡位即直流电压挡,选择合适量程(5 V)。

(3)将万用表两表笔和被测电路或负载并联,且使"+"表笔(红表笔)接到高电位处,"-"表笔(黑表笔)接到低电位处,即让电流从"+"表笔流入,从"-"表笔流出。

注意事项如下:

(1)在测量直流电压时,若表笔接反,表头指针会反方向偏转,容易撞弯指针,故采用试接触法,若发现反偏,立刻对调表笔。

(2)事先不清楚被测电压的大小时,应先选择最高量程挡,然后逐渐减小到合适的量程挡。

(3)量程的选择应尽量使指针偏转到满刻度的2/3左右。

4. 使用万用表测量0.15 A直流电流的步骤

(1)将红表笔接万用表"+"极,黑表笔接万用表"-"极。

(2)将万用表选到合适挡位即直流电流挡,选择合适量程(500 mA)。

(3)将万用表两表笔和被测电路或负载串联,且使"+"表笔(红表笔)接到高电位处,即让电流从"+"表笔流入,从"-"表笔流出。

注意事项如下:

(1)在测量直流电流时,若表笔接反,表头指针会反方向偏转,容易撞弯指针,故采用试接触法,若发现反偏,立刻对调表笔。

(2)事先不清楚被测电流的大小时,应先选择最高量程挡,然后逐渐减小到合适的量程挡。

(3)量程的选择应尽量使指针偏转到满刻度的2/3左右。

(二)兆欧表使用

用兆欧表测量三相异步电动机定子绕组的绝缘电阻的步骤如下：

(1)选择合适的兆欧表。根据三相异步电动机的电压等级，选用额定电压为 500 V 的兆欧表。

(2)检查兆欧表是否完好。测量前，应将摇表进行一次开路和短路试验，检查摇表是否良好。将两连接线开路，摇动手柄，指针应指在"∞"处，再把两连接线短接一下，轻摇手柄，指针应指在"0"处，符合上述条件者即良好，否则不能使用。

(3)拆开三相异步电动机接线盒，并拆去绕组之间的连接片。

(4)检查引出线的标记是否正确，转子转动是否灵活，轴伸端径向有无偏摆的情况。

(5)把接线盒内三相绕组的连接片全部拆开，将三相异步电动机的其中一相的线芯接 L 端，另一端 E 端接其绝缘层；然后按顺时针方向转动摇把，转动的速度应由慢而快，当转速达到 120 r/min 左右时(ZC－25 型)，保持匀速转动 1 min 后读数，并且要边摇边读数，不能停下来读数，两相间的绝缘电阻及相对机座的绝缘电阻不得小于 0.5 MΩ。

(6)拆线放电。

(7)安装好三相异步电动机接线盒，收拾好工具和仪表。

六、实训考核

实训考核成绩评分标准见表 2-2。

表 2-2　实训考核成绩评分标准

序号	主要内容	考核要求	评分标准	配分	扣分	得分
1	万用表选择和检查	能正确选用量程和检查判断万用表的好坏	(1)万用表选择不正确扣 10 分； (2)万用表检查方法不正确和漏测扣 5 分	15		
2	兆欧表选择和检查	能正确选用量程和判断兆欧表的好坏	(1)兆欧表选择不正确扣 10 分； (2)兆欧表检查方法不正确和漏测扣 5 分	15		
3	连线	能正确连线	接错一处扣 5 分	20		
4	操作方法	操作方法正确	每错一处扣 5 分	20		
5	读数	能正确读出仪表示数	(1)不能进行正确读数扣 10 分； (2)读数方法不正确扣 5～10 分； (3)读数结果不正确扣 5～10 分	20		
6	安全文明生产	作业环境整洁，能保证人身和设备安全	违反安全文明操作规程扣 5～10 分	10		
备注			合计	100		
			教师签字	年	月	日

第三章　导线绝缘层的剥削与连接

实训项目一　导线绝缘层的剥削

一、实训目的

熟练掌握常用剥削导线绝缘层的方法。

二、实训内容

使用钢丝钳或电工刀，针对几种常用导线，采取相应的方法剥削绝缘层。

三、相关知识

导线绝缘层的剥削工具有电工刀、钢丝钳、剥线钳。

（一）塑料硬线绝缘层的剥削

（1）对于截面面积不大于 4 mm^2 的塑料硬线绝缘层的剥削，人们一般用钢丝钳或剥线钳进行，剥削的方法和步骤如下：

①用左手捏住导线，根据所需线头长度用钢丝钳刃口来回旋转切割绝缘层，注意用力适度，不可损伤芯线，如图 3-1（a）所示。

②用左手抓牢导线，右手握住钢丝钳的钳头用力向外拉动，即可剥下塑料绝缘层，如图 3-1（b）所示。

③剥削完成后，应检查芯线是否完整无损，如损伤较大，应重新剥削。

塑料软线绝缘层的剥削，只能用剥线钳或钢丝钳进行，不可用电工刀剥削，其操作方法与此同。

注意：在剥去塑料层时，不可在钢丝钳刃口处加剪切力，否则会切伤芯线。

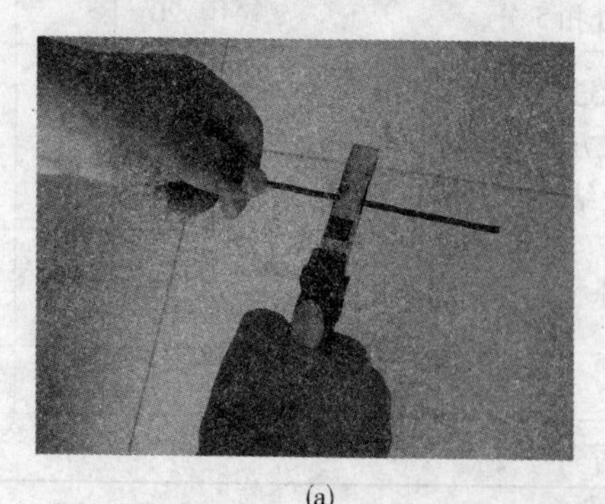

(a)

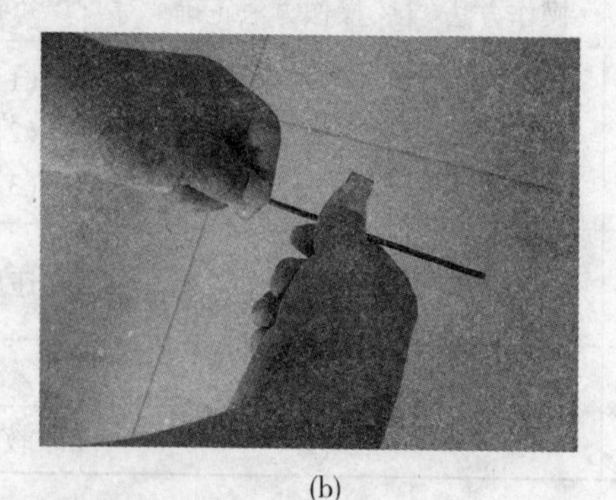

(b)

图 3-1　用钢丝钳剥削塑料硬线绝缘层

用剥线钳剥削截面面积小于4 mm^2 的塑料硬线绝缘层,如图3-2所示。

(2)对于芯线截面面积大于4 mm^2 的塑料硬线,要用电工刀来剥削塑料硬线绝缘层。其方法和步骤如下:

①根据所需线头长度用电工刀以约45°角倾斜切入塑料硬线绝缘层,注意用力适度,避免损伤芯线,如图3-3(a)所示。

②使刀面与芯线保持约25°角,用力向线端推削,在此过程中应避免电工刀切入芯线,只削去上面一层塑料硬线绝缘层即可,如图3-3(b)所示。

图3-2 用剥线钳剥削塑料硬线绝缘层

③将塑料硬线绝缘层向后翻起,用电工刀齐根切去,操作过程如图3-3(c)所示。

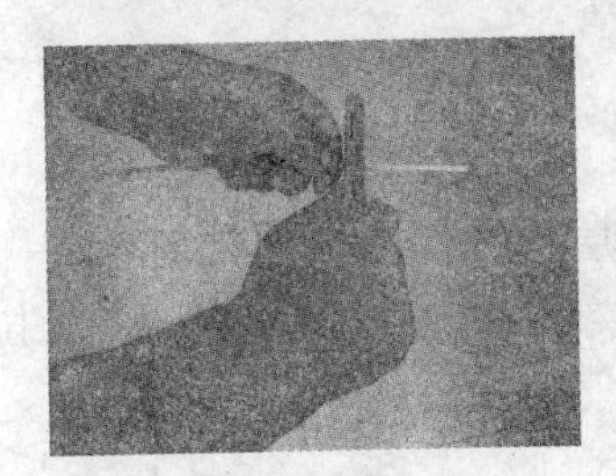

(a)电工刀以约45°角倾斜切入

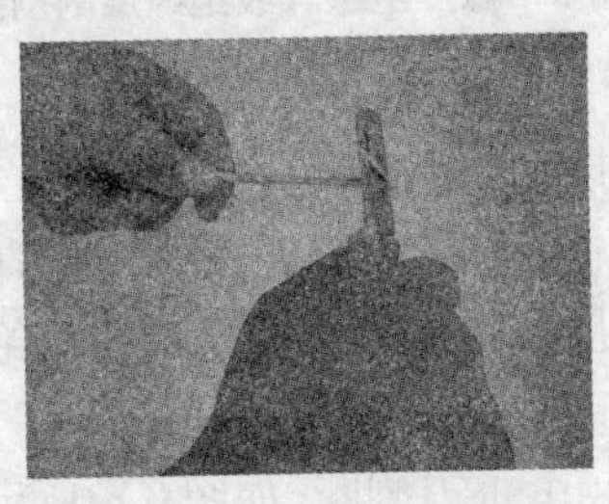

(b)电工刀以约25°角倾斜推削

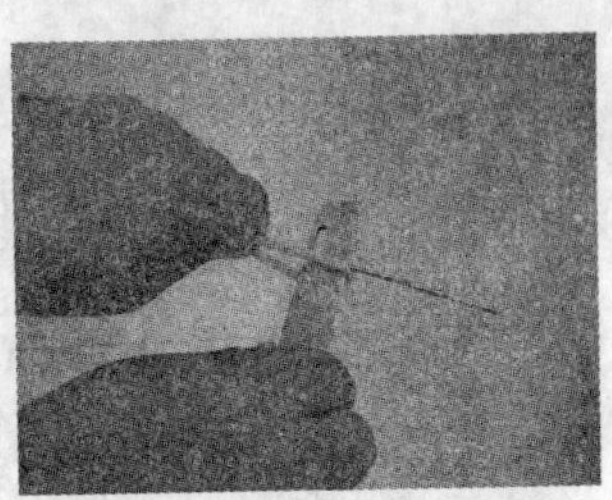

(c)翻起塑料硬线绝缘层

图3-3 用电工刀剥削塑料硬线绝缘层

(二)塑料护套线绝缘层的剥削

塑料护套线绝缘层的剥削必须用电工刀来完成,剥削方法和步骤如下:

(1)按所需长度用电工刀刀尖沿芯线中间缝隙划开护套层,如图3-4(a)所示。

(2)向后翻起护套层,用电工刀齐根切去,如图3-4(b)所示。

(3)在距离护套层5~10 mm处,用电工刀以45°角倾斜切入绝缘层,其剥削方法与塑料硬线绝缘层的剥削方法相同。

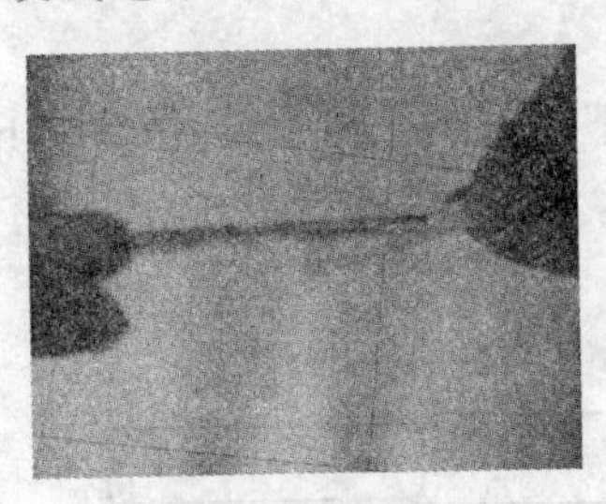

(a)划开护套层

(b)翻起切去护套层

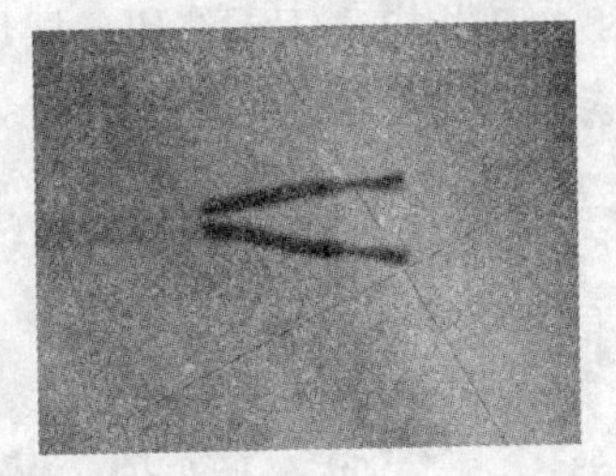

(c)剥削硬线绝缘层,露出芯线

图3-4 塑料护套线绝缘层的剥削

(三)橡皮绝缘导线绝缘层的剥削

橡皮绝缘导线绝缘层的剥削方法和步骤如下:

(1)把橡皮线编织层用电工刀划开,其方法与剥削护套线的护套层方法类同。

(2)用与剥削塑料硬线绝缘层相同的方法剥去橡皮绝缘层。

(3)剥离棉纱层至根部,并用电工刀切去,操作过程如图 3-5 所示。

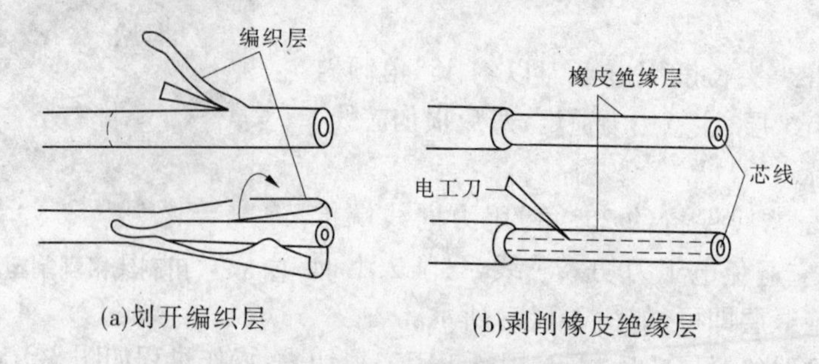

(a)划开编织层　　(b)剥削橡皮绝缘层

图 3-5　橡皮绝缘导线绝缘层的剥削

(四)花线绝缘层的剥削

花线绝缘层的剥削方法和步骤如下:

(1)根据所需剥削长度,用电工刀在导线外表织物保护层割切一圈,并将其剥离。

(2)距织物保护层 10 mm 处,用钢丝钳刃口切割橡皮绝缘层。注意不能损伤芯线,拉下橡皮绝缘层的方法与图 3-5 所示方法类同。

(3)将露出的棉纱层散开,用电工刀割断,如图 3-6 所示。

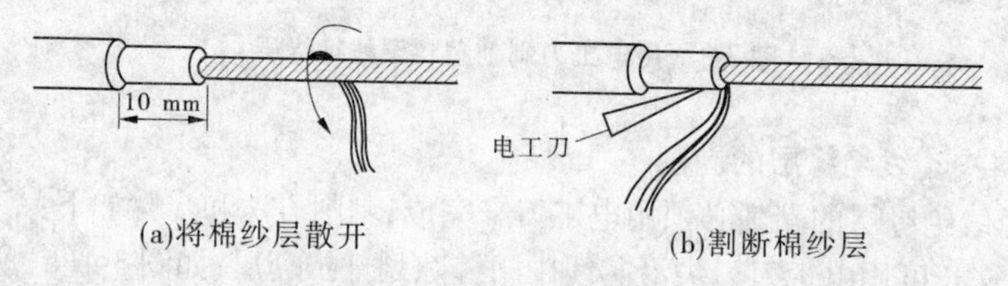

(a)将棉纱层散开　　(b)割断棉纱层

图 3-6　花线绝缘层的剥削

(五)铅包线绝缘层的剥削

铅包线绝缘层的剥削方法和步骤如下:

(1)用电工刀围绕铅包层切割一圈,如图 3-7(a)所示。

(2)用双手来回扳动切口处,使铅包层沿切口处折断,把铅包层拉出来,如图 3-7(b)所示。

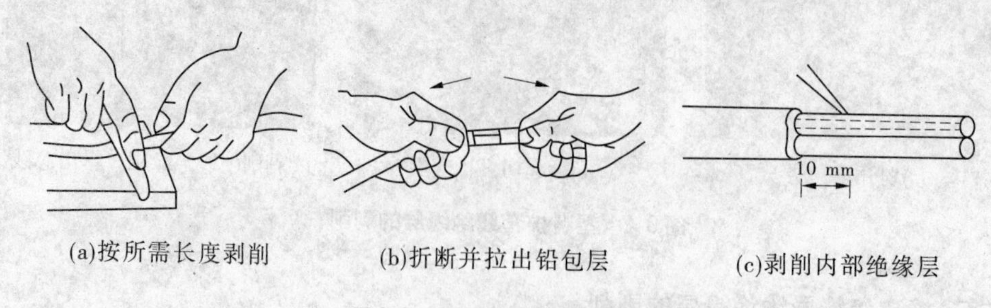

(a)按所需长度剥削　　(b)折断并拉出铅包层　　(c)剥削内部绝缘层

图 3-7　铅包线绝缘层的剥削

(3)铅包线内部绝缘层的剥削方法与塑料硬线绝缘层的剥削方法相同。

四、实训工具与器材

(1)工具:钢丝钳、电工刀、剥线钳。

(2)器材:BV 2.5 mm^2、BV 6 mm^2 单股导线,BLV 2.5 mm^2 护套线,BLX 2.5 mm^2 橡皮绝缘导线,RXS 1.0 mm^2 花线。

五、实训要求

(1)根据不同的导线,选用适当的剥削工具。

(2)采用正确的方法进行绝缘层的剥削。BV 2.5 mm^2、BV 6 mm^2 单股导线绝缘层的剥削,参照"相关知识(一)";BLV 2.5 mm^2 护套线绝缘层的剥削,参照"相关知识(二)";BLX 2.5 mm^2 橡皮绝缘导线绝缘层的剥削,参照"相关知识(三)";RXS 1.0 mm^2 花线绝缘层的剥削,参照"相关知识(四)"。

(3)检查剥削过绝缘层的导线,看是否存在断丝、芯线受损的现象。

六、实训考核

实训考核成绩评分标准见表3-1。

表3-1 实训考核成绩评分标准

序号	主要内容	考核要求	评分标准	配分	扣分	得分
1	导线绝缘层的剥削	熟练掌握常用导线绝缘层的剥削方法	(1)工具选用错误扣20分;	20		
			(2)操作方法错误扣5~40分;	40		
			(3)芯线有断丝、受损现象扣5~30分	30		
2	安全文明生产	作业环境整洁,能够保证人身、设备安全	违反安全文明操作规程扣5~10分	10		
备注			合计	100		
			教师签字		年 月 日	

实训项目二 导线的连接

一、实训目的

熟练掌握常用导线接头的制作方法。

二、实训内容

(1)将导线进行直线和T字形连接。

(2)在铜芯导线接头上进行以下处理:电烙铁锡焊、浇焊处理。掌握铝芯导线的压接管压接法连接。

三、相关知识

导线的连接包括导线与导线、电缆与电缆、导线与设备元件、电缆与设备元件及导线与电缆的连接。导线的连接方法与导线材质、截面大小、结构形式、耐压高低、连接部位、敷设方式等因素有关。

导线连接的总体要求如下：

(1)导线的连接必须符合国标 GB 50575—2010、GB 50173—92 所规范的电气装置安装工程施工及验收标准规程的要求。在无特殊要求和规定的场合，连接导线的芯线要采用焊接、压板压接或套管连接。在低压系统中，电流较小时应采用绞接、缠绕连接。

(2)必须学会使用剥线钳、钢丝钳和电工刀剥削导线的绝缘层。芯线截面面积为 4 mm^2 及以下的塑料硬线一般用钢丝钳进行剥削，芯线截面面积大于 4 mm^2 的塑料硬线可用电工刀，塑料软线绝缘层剥削只能用剥线钳和钢丝钳，不可用电工刀剥削。塑料护套线绝缘层的剥削必须使用电工刀。剥削导线绝缘层时，不得损伤芯线，如果损伤较多则应重新剥削。

(3)导线的绝缘层破损及导线连接后必须恢复绝缘，恢复后的绝缘强度不应低于原有绝缘层的强度。使用绝缘带包缠时，应均匀紧密，不能过疏，更不允许裸露芯线，以避免造成触电或短路事故。在绝缘端子的根部与导线绝缘层间的空白处，要用绝缘带包缠严密。绝缘带平时不可放在温度很高的地方，也不可浸染油类。

凡是包缠绝缘的相线与相线、相线与零线的接头位置要错开一定的距离，以避免发生相线与相线、相线与零线之间的短路。

在电气线路、设备的安装过程中，当导线不够长或要分接支路时，就需要进行导线与导线间的连接。常用导线的芯线有单股 7 芯和 19 芯等几种，连接方法随芯线的金属材料、股数不同而异。

(一)单股铜线的直线连接

(1)把两线头的芯线做 X 形相交，互相紧密缠绕 2 ~ 3 圈，如图 3-8(a)所示。

(2)把两线头扳直，如图 3-8(b)所示。

(3)将每个线头围绕芯线紧密缠绕 6 圈，并用钢丝钳把余下的芯线切去，最后钳平芯线的末端，如图 3-8(c)所示。

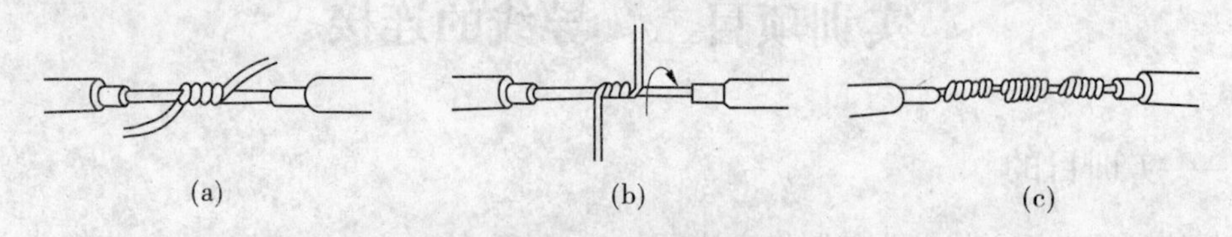

图 3-8 单股铜线的直线连接

(二)单股铜线的 T 字形连接

(1)如果导线直径较小，可按图 3-9(a)所示方法绕制成结状，然后再把支路芯线线头拉紧扳直，紧密地缠绕 6 ~ 8 圈后，剪去多余芯线，并钳平毛刺。

(2)如果导线直径较大,先将支路芯线的线头与干线芯线做十字相交,使支路芯线根部留出 3 ~5 mm,然后缠绕支路芯线 6 ~8 圈,用钢丝钳切去余下的芯线,并钳平芯线末端,如图 3-9(b)所示。

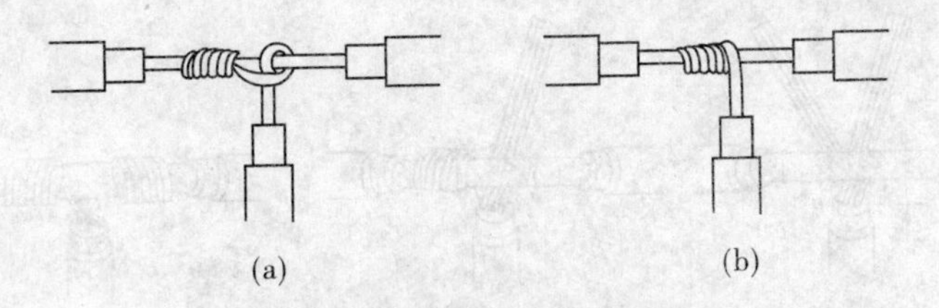

图 3-9　单股铜线的 T 字形连接

(三)7 芯铜线的直线连接

(1)将剥去绝缘层的芯线头散开并拉直,然后把靠近绝缘层的 1/3 芯线绞紧,接着把余下的 2/3 芯线分散成伞状,并将每根芯线拉直,如图 3-10(a)所示。

(2)把 2 个伞状芯线隔根交叉,并将两端芯线拉平,如图 3-10(b)所示。

(3)把其中一端的 7 股芯线按 2 根、3 根分成 3 组,把第一组 2 根芯线扳起,垂直于芯线紧密缠绕,如图 3-10(c)所示。

(4)缠绕 2 圈后,把余下的芯线向右拉直,把第二组的 2 根芯线扳直,与第一组芯线的方向一致,压着前 2 根扳直的芯线紧密缠绕,如图 3-10(d)所示。

(5)缠绕 2 圈后,将余下的芯线向右扳直,把第三组的 3 根芯线扳直,与前两组芯线的方向一致,压着前 4 根扳直的芯线紧密缠绕,如图 3-10(e)所示。

(6)缠绕 3 圈后,切去每组多余的芯线,钳平线端,如图 3-10(f)所示。

(7)除了芯线缠绕方向相反,另一侧的制作方法与图 3-10 所示的方法相同。

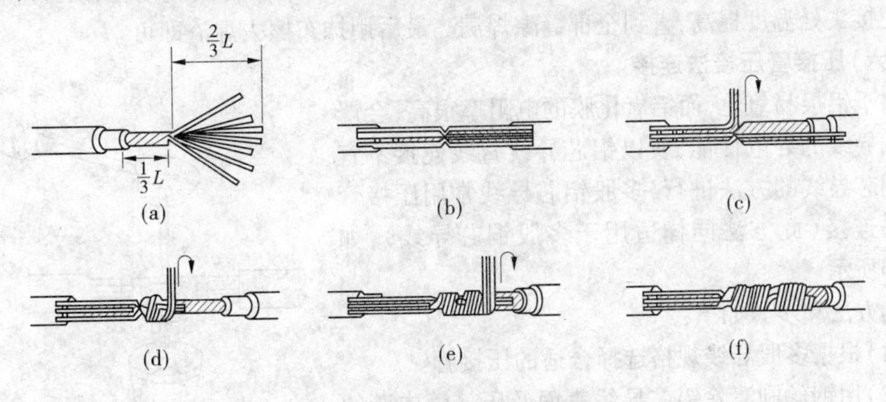

图 3-10　7 芯铜线的直线连接

(四)7 芯铜线的 T 字形连接

(1)把分支芯线散开钳平,将距离绝缘层 1/8 处的芯线绞紧,再把支路线头 7/8 处的芯线分成 4 根和 3 根 2 组,并排齐;用螺钉旋具把干线的芯线撬开分为 2 组,把支线中 4 根芯线的一组插入干线 2 组芯线之间,把支线中另外 3 根芯线放在干线芯线的前面,如图 3-11(a)所示。

(2)把3根芯线的一组在干线右边紧密缠绕3～4圈，钳平线端；把4根芯线的一组按相反方向在干线左边紧密缠绕，如图3-11(b)所示，缠绕4～5圈后，钳平线端，如图3-11(c)所示。

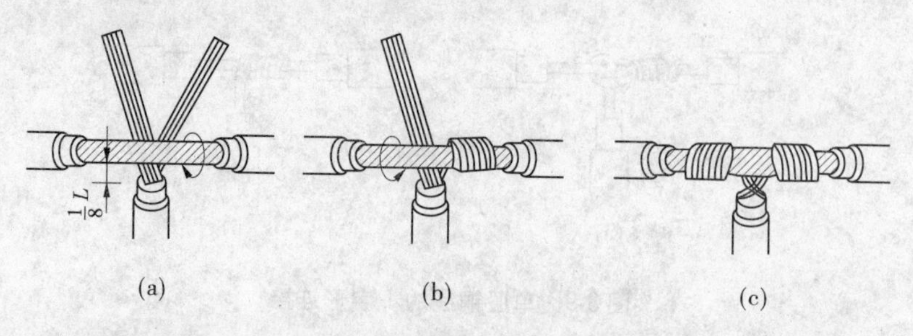

图3-11　7芯铜线的T字形连接

7芯铜线的直线连接方法同样适用于19芯铜线，只是后者的芯线太多可剪去中间的几根芯线；连接后，需要在连接处进行钎焊处理，这样可以改善其导电性能和增加其力学强度。19芯铜线的T字形分支连接方法与7芯铜线也基本相同，将支路导线的芯线分成10根和9根2组，而把其中10根芯线那组插入干线中进行绕制。

(五)铜芯导线接头处的锡焊处理

(1)电烙铁锡焊。如果铜芯导线截面面积不大于10 mm²，对于它们的接头可用150 W电烙铁进行锡焊。可以先在接头上涂一层无酸焊锡膏，待电烙铁加热后，再进行锡焊即可。

(2)浇焊。对于截面面积大于16 mm²的铜芯导线接头，常采用浇焊法。首先将焊锡放在化锡锅内，用喷灯或电炉使其熔化，待表面呈磷黄色时，说明焊锡已经达到高热状态。然后将涂有无酸焊锡膏的导线接头放在锡锅上面，再用勺盛上熔化的锡，从接头上面浇下，如图3-12所示。因为起初接头较凉，锡在接头上不会有很好的流动性，所以应持续浇下去使接头处温度提高，直到全部缝隙焊满。最后用抹布擦去焊渣即可。

(六)压接管压接法连接

由于铝极易氧化，而铝氧化膜的电阻率很高，会严重影响导线的导电性能，所以铝芯导线直线连接不宜采用铜芯导线的方法进行，多股铝芯导线常用压接管压接法连接(此方法同样适用于多股铜芯导线)，如图3-13所示。

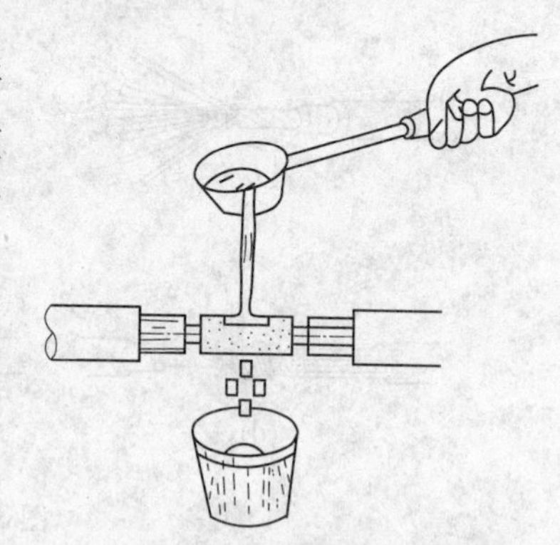

图3-12　铜芯导线接头的浇焊

其方法和步骤如下：

(1)根据多股导线规格选择合适的压接管。

(2)用钢丝刷清除铝芯导线表面及压接管内壁的氧化层或其他污物，并在其外表面涂上一层中性凡士林。

(3)将两根导线线头相对插入压接管内，并使两线端穿出压接管25～30 mm，如图3-13(c)所示。

(4)按如图3-13(d)所示进行压接。压坑的数目与连接点所处的环境有关，通常情况下，在室内时为4个，在室外时为6个。

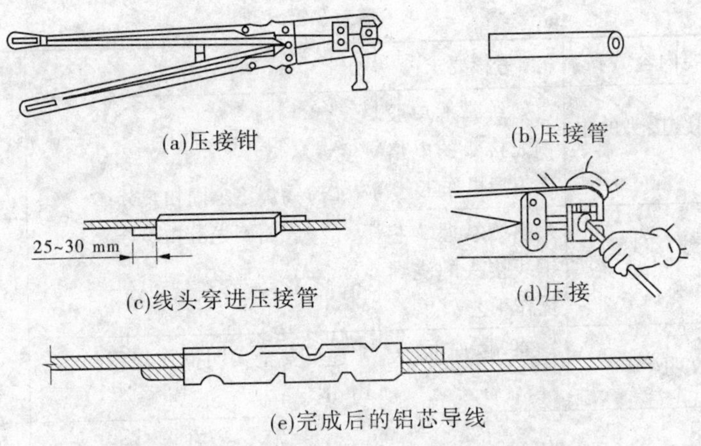

图 3-13　多股铝芯导线压接管压接法连接

四、实训工具与器材

(1)工具：钢丝钳、电工刀、剥线钳、尖嘴钳、螺钉旋具等电工常用工具。

(2)器材：BV 2.5 mm^2、BV 4 mm^2、BV 16 mm^2、BLV 16 mm^2 四种导线。

五、实训要求

(1)根据不同导线，采取相应的方法进行绝缘层剥削，操作方法参照“实训项目一”。

(2)针对不同规格的导线，分别进行 BV 2.5 mm^2、BV 4 mm^2、BV 16 mm^2 和 BLV 16 mm^2 规格导线接头的制作。

(3)分别进行 BV 2.5 mm^2、BV 4 mm^2 和 BV 16 mm^2 规格导线的直线连接，BV 2.5 mm^2、BV 4 mm^2 和 BV 16 mm^2 规格导线的 T 字形连接。

(4)对导线接头进行电烙铁锡焊和浇焊处理，具体操作方法参照“相关知识(五)”。

六、实训考核

实训考核成绩评分标准见表 3-2。

表 3-2　实训考核成绩评分标准

<table>
<tr><th>序号</th><th>主要内容</th><th>考核要求</th><th>评分标准</th><th>配分</th><th>扣分</th><th>得分</th></tr>
<tr><td>1</td><td>单股铜线的直线连接</td><td rowspan="2">熟练掌握单股铜线的直线连接、T 字形连接</td><td rowspan="4">(1)剥削方法不正确扣 5 分；
(2)芯线有刀伤、钳伤、断芯情况扣 5 分；
(3)导线缠绕方法错误扣 5 分；
(4)导线连接不整齐、不紧、不平直、不圆扣 5 分</td><td>15</td><td></td><td></td></tr>
<tr><td>2</td><td>单股铜线的 T 字形连接</td><td>15</td><td></td><td></td></tr>
<tr><td>3</td><td>7 芯铜线的直线连接</td><td rowspan="2">熟练掌握 7 芯线的直线连接、T 字形连接</td><td>20</td><td></td><td></td></tr>
<tr><td>4</td><td>7 芯铜线的 T 字形连接</td><td>20</td><td></td><td></td></tr>
</table>

续表 3-2

序号	主要内容	考核要求	评分标准	配分	扣分	得分
5	单股铜线接头的电烙铁锡焊	熟练掌握单股铜线接头的电烙铁锡焊操作工艺	(1)锡焊不牢固扣5分； (2)表面不光滑扣5分	10		
6	7芯铜线接头的浇焊	熟练掌握7芯铜线接头的浇焊操作工艺		10		
7	安全文明生产	能够保证人身、设备安全	违反安全文明操作规程扣5~10分	10		
备注			合计	100		
			教师签字	年	月	日

实训项目三　导线绝缘层的恢复

一、实训目的

熟练掌握导线绝缘层的恢复方法。

二、实训内容

对单股和多芯导线的直线连接、T字形连接做绝缘层恢复处理。

三、相关知识

为了进行连接，导线连接处的绝缘层已被去除。导线连接完成后，必须对所有绝缘层已被去除的部位进行绝缘处理，以恢复导线的绝缘性能，恢复后的绝缘强度应不低于导线原有的绝缘强度。

导线连接处的绝缘处理通常采用绝缘胶带进行缠裹包扎。一般电工常用的绝缘带有黄蜡带、涤纶薄膜带、黑胶布带、塑料胶带、橡胶胶带等。绝缘胶带的宽度常用的为20 mm，使用较为方便。

(一)一般导线接头的绝缘处理

直线连接的导线接头可按图3-14所示方法进行绝缘处理，先包缠一层黄蜡带，再包缠一层黑胶布带。将黄蜡带从接头左边绝缘完好的绝缘层上开始包缠，包缠2圈后进入剥除了绝缘层的芯线部分，如图3-14(a)所示。包缠时黄蜡带应与导线成55°左右倾斜角，每圈压叠带宽的1/2，如图3-14(b)所示，直至包缠到接头右边的2倍带宽处。然后将黑胶布带接在黄蜡带的尾端，按另一斜叠方向从右向左包缠，如图3-14(c)、图3-14(d)所示，每圈仍压叠带宽的1/2，直至将黄蜡带完全包缠住。在包缠处理过程中，应用力拉紧胶带，注意不可稀疏，更不能露出芯线，以确保绝缘质量和用电安全。对于220 V线路，也可不用黄蜡带，只用黑胶布带或塑料胶带包缠 2 层。在潮湿场所，应使用聚氯乙烯绝缘胶带或涤纶薄膜带。

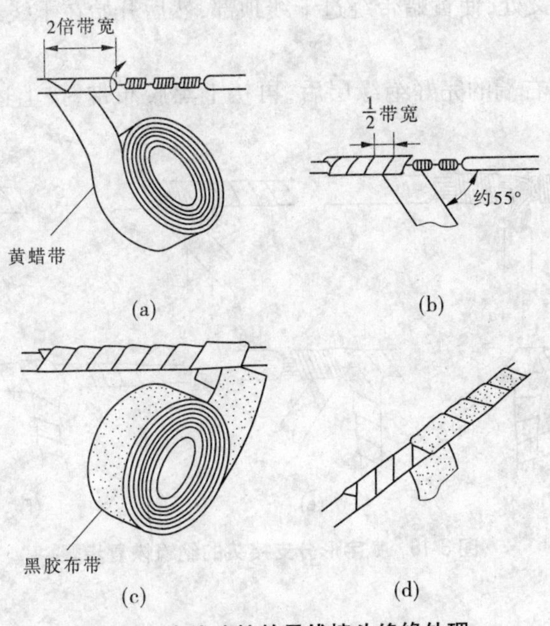

图 3-14　直线连接的导线接头绝缘处理

(二)T 字形分支接头的绝缘恢复

导线分支接头的绝缘处理基本方法同前，T 字形分支接头的包缠方向如图 3-15 所示，走一个 T 字形的来回使每根导线上都包缠 2 层绝缘胶带，每根导线都应包缠到完好绝缘层的 2 倍带宽处。

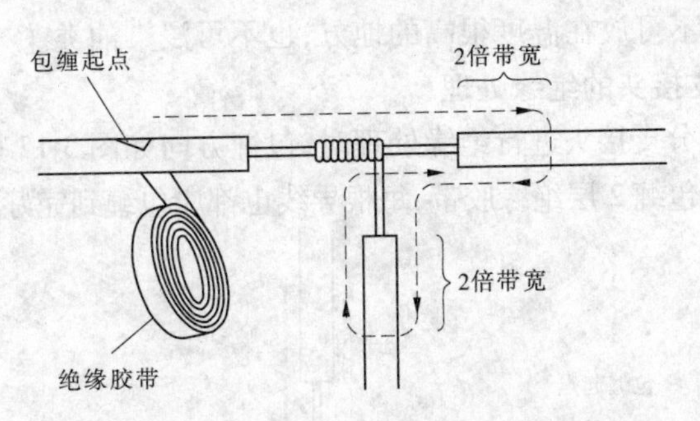

图 3-15　T 字形分支接头的绝缘包缠

(1)将黄蜡带从接头左端开始包缠，每圈叠压带宽的 1/2 左右，如图 3-16(a)所示。

(2)缠绕至支线时，用左手拇指顶住左侧直角处的带面，使它紧贴于转角处芯线，而且要使处于接头顶部的带面尽量向右侧斜压，如图 3-16(b)所示。

(3)当缠绕到右侧转角处时，用手指顶住右侧直角处带面，将带面在干线顶部向左侧斜压，使其与被压在下边的带面呈 X 状交叉，然后把黄蜡带再回绕到左侧转角处，如图 3-16(c)所示。

(4)将黄蜡带从接头交叉处开始在支线上向下包缠，并使黄蜡带向右侧倾斜，如

图 3-16(d)所示。

(5)在支线上绕至绝缘层上约 2 倍带宽时,将黄蜡带折回向上包缠,并使黄蜡带向左侧倾斜,绕至接头交叉处,使黄蜡带绕过干线顶部,然后开始在干线右侧芯线上进行包缠,如图 3-16(e)所示。

(6)包缠至干线右端的完好绝缘层后,再接上黑胶布带,按上述方法包缠一层即可,如图 3-16(f)所示。

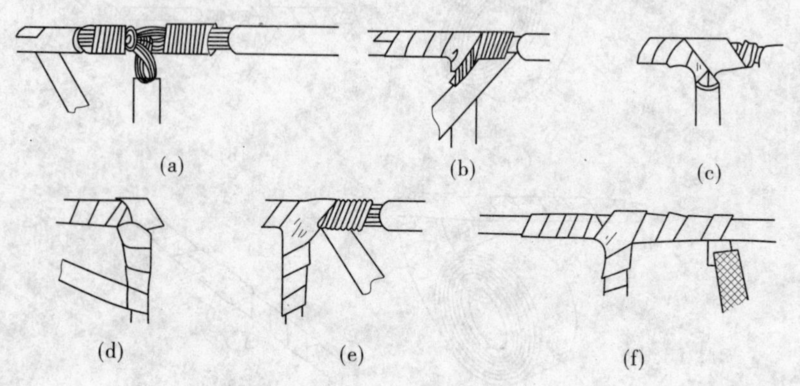

图 3-16　T 字形分支接头的绝缘恢复步骤

注意事项:

(1)在为工作电压为 380 V 的导线恢复绝缘时,必须先包缠 1 ~ 2 层黄蜡带,然后再包缠 1 层黑胶布带。

(2)在为工作电压为 220 V 的导线恢复绝缘时,可先包缠 1 层黄蜡带,然后再包缠 1 层黑胶布带,也可只包缠 2 层黑胶布带。

(3)包缠绝缘带时,不能过疏,更不能露出芯线,以免造成触电或短路事故。

(4)绝缘带平时不可放在温度很高的地方,也不可浸染油类。

(三)十字形分支接头的绝缘处理

对导线的十字形分支接头进行绝缘处理时,包缠方向如图 3-17 所示,走一个十字形的来回使每根导线上都包缠 2 层绝缘胶带,每根导线也都应包缠到完好绝缘层的 2 倍带宽处。

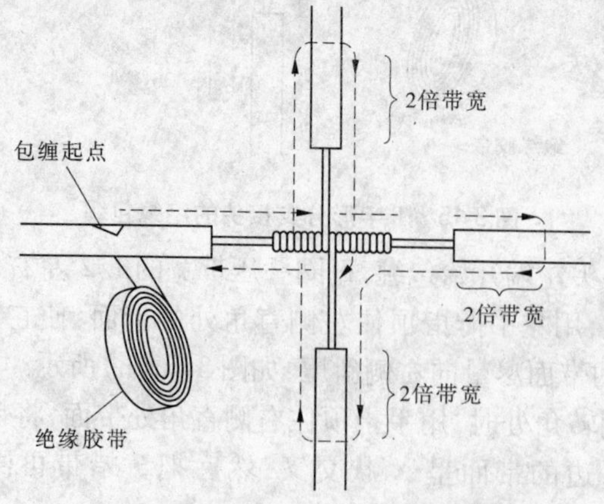

图 3-17　十字形分支接头的绝缘处理

四、实训工具与器材

(1)工具:电工刀、钢丝钳、尖嘴钳。

(2)器材:BV 2.5 mm^2、BV 4 mm^2、BV 16 mm^2 导线,黄蜡带、黑胶布带。

五、实训要求

(1)根据“实训项目二”中介绍的方法制作导线接头。

(2)单股和多芯导线直线连接的绝缘层恢复方法参照“相关知识(一)”;单股和多芯导线T字形连接的绝缘层恢复方法参照“相关知识(二)”。

(3)完成绝缘恢复后,将其浸入水中约30 min,然后检查是否渗水。

六、实训考核

实训考核成绩评分标准见表3-3。

表3-3 实训考核成绩评分标准

<table>
<tr><th>序号</th><th>主要内容</th><th>考核要求</th><th>评分标准</th><th>配分</th><th>扣分</th><th>得分</th></tr>
<tr><td>1</td><td>单股导线接头的绝缘恢复</td><td rowspan="2">熟练掌握单股导线和多芯导线接头的绝缘恢复</td><td rowspan="2">(1)包缠方法错误扣30分;
(2)有水渗入绝缘层扣30分;
(3)有水渗到导线上扣20分</td><td>40</td><td></td><td></td></tr>
<tr><td>2</td><td>多芯导线接头的绝缘恢复</td><td>40</td><td></td><td></td></tr>
<tr><td>3</td><td>安全文明生产</td><td>能够保证人身、设备安全</td><td>违反安全文明操作规程扣5~20分</td><td>20</td><td></td><td></td></tr>
<tr><td rowspan="2">备注</td><td rowspan="2" colspan="2"></td><td>合计</td><td>100</td><td></td><td></td></tr>
<tr><td>教师签字</td><td colspan="3">年 月 日</td></tr>
</table>

第四章　室内照明线路与配电箱的安装

实训项目一　室内照明线路的安装

一、实训目的

(1)熟悉交流电路中相线、中性线的定义及相电压、线电压之间的关系等常识。

(2)学会正确和合理使用电工工具和仪表,并做好维护和保养工作。

(3)能够根据照明电路的原理图和安装图,正确安装照明电路。

(4)熟练掌握导线的剥削和连接方法及照明元器件的安装和接线工艺。

(5)在完成照明电路安装的同时,能检测和排除照明电路的故障。

二、实训内容

在电工实训板上设计并安装一个由单相电能表、漏电保护器、熔断器、日光灯、白炽灯、节能灯、若干开关和插座等元器件组成的简单照明电路。

三、相关知识

照明电路的组成包括电源、单相电能表、漏电保护器、熔断器、插座、灯头、开关、照明灯具和各类电线及配件辅料。

(一)照明开关和插座的接线

照明开关是控制灯具的电气元件,具有控制照明电灯的亮与灭的作用(即接通或断开照明线路)。开关有明装和暗装之分,现在家庭一般采用暗装开关。开关的接线如图4-1所示。注意:相线(火线)进开关。

根据电源电压的不同,插座可分为三相四孔插座和单相三孔或两孔插座,家庭一般都采用单相插座,实验室一般要安装三相插座。根据安装形式不同,插座又可分为明装式和暗装式,现在家庭一般都采用暗装插座。单相两孔插座有横装和竖装两种。横装时,接线原则是"左零右相";竖装时,接线原则是"上相下零"。单相三孔插座的接线原则是"左相右零上接地"(见图4-2)。另外,在接线时也可根据插座后面的标示连接,L端接相线,N端接零线,E端接地线。

注意:根据标准规定,相线(火线)是红色线,零线(中性线)是黑色线,地线是黄绿双色线。

(二)照明开关和插座的安装

首先在准备安装开关和插座的地方钻孔,然后按照开关和插座的尺寸安装线盒,接着

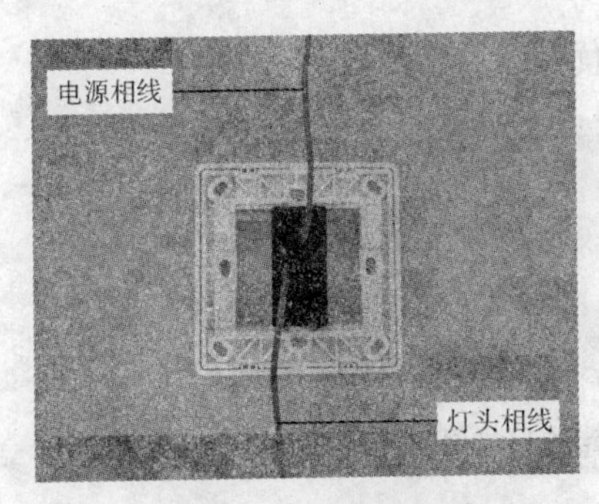

图 4-1　开关的接线

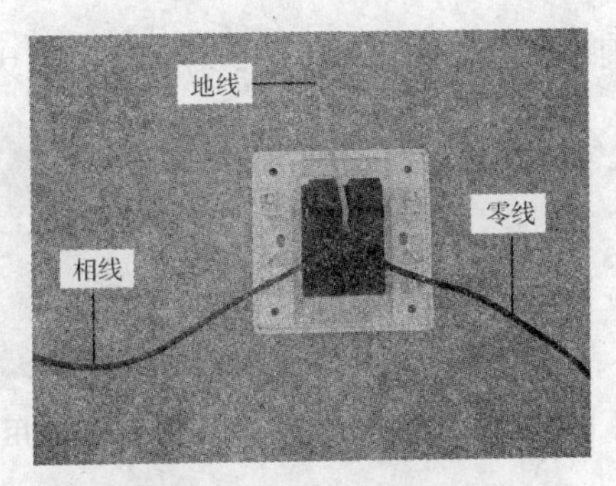

图 4-2　单相三孔插座的接线

按照接线要求，将盒内甩出的导线与开关、插座的面板连接好，将开关或插座推入盒内并对正盒眼，用螺钉固定。固定时，要使面板端正，并与墙面平齐。墙板上安装好的开关与插座如图 4-3、图 4-4 所示。

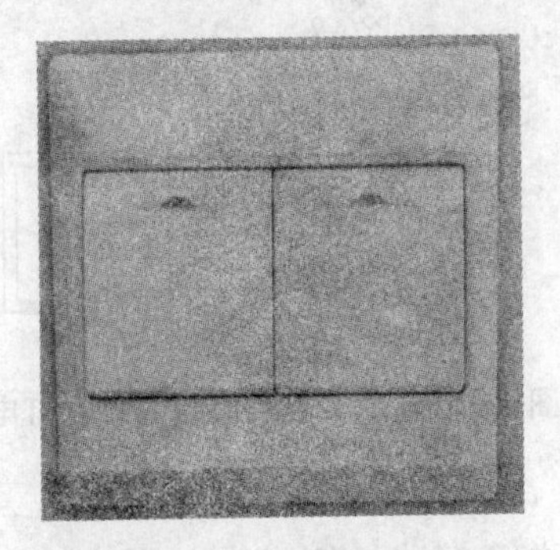

图 4-3　安装好的开关

图 4-4　安装好的插座

（三）灯座（灯头）的安装

插口灯座上的两个接线端子可任意连接零线和来自开关的相线，但是对于螺口灯座上的接线端子，必须把零线连接在连通螺纹圈的接线端子上，把来自开关的相线连接在连通中心铜簧片的接线端子上。灯座的接线与固定如图 4-5、图 4-6 所示。

图 4-5　灯座的接线

图 4-6　灯座的固定

（四）日关灯（荧光灯）的安装

日光灯的镇流器有电感镇流器和电子镇流器两种。目前，许多日光灯的镇流器都采用电子镇流器（见图 4-7），电感镇流器逐渐被淘汰。电子镇流器具有高效节能，启动电压范围较宽，启动时间短(0.5 s)，无噪声、无频闪等优点。

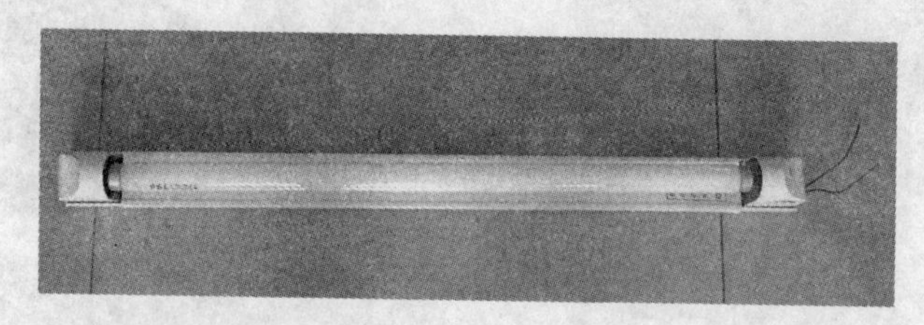

图 4-7　采用电子镇流器的日光灯

日关灯安装步骤：

(1)根据采用电子镇流器或电感镇流器的日光灯电路接线图(见图 4-8、图 4-9)，将电源线接入日光灯电路中。

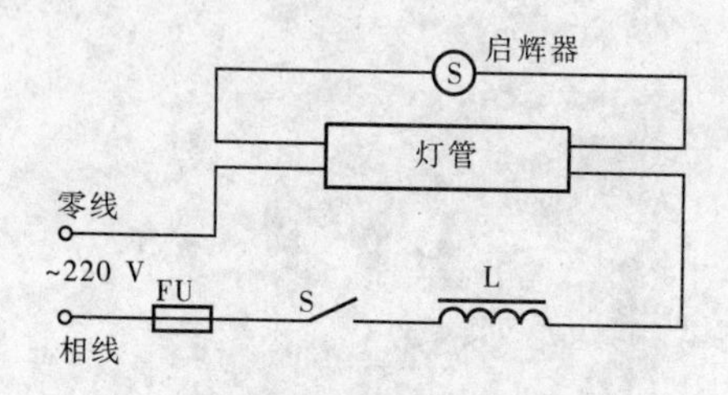

图 4-8　采用电感镇流器的日光灯电路接线

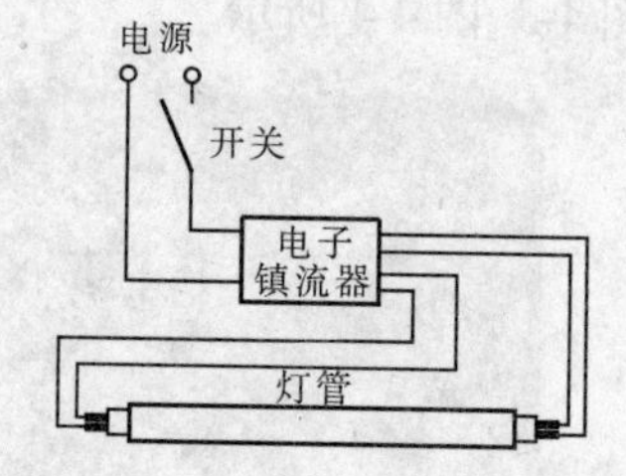

图 4-9　采用电子镇流器的日光灯电路接线

(2)将日光灯的灯座固定在相应位置上。

(3)安装日光灯灯管。先将灯管引脚插入有弹簧一端的灯脚内并用力推入，然后将另一端对准灯脚，利用弹簧的作用力使其插入灯脚内。

(五)漏电保护器(漏电断路器)的接线与安装

漏电保护器对电气设备的漏电电流极为敏感。当人体接触了漏电的用电器时，产生的漏电电流只要达到 10～30 mA，就能使漏电保护器在极短的时间(如 0.1 s)内跳闸，切断电源，有效地防止触电事故的发生。漏电保护器还具有断路器所具有的功能，可以在交、直流低压电路中手动或电动分合电路。

1. 漏电保护器的接线

电源进线必须接在漏电保护器的正上方，即外壳上标有"电源"或"进线"端，出线均接在下方，即标有"负载"或"出线"端。进线、出线接反将会导致漏电保护器动作后烧毁线圈或影响漏电保护器的接通、分断能力。漏电保护器的接线如图 4-10 所示。

2. 漏电保护器的安装

(1)漏电保护器应安装在进户线截面较小的配电盘上(见图 4-11)或照明配电箱内，安装在电能表之后，熔断器之前。

(2)所有照明线路导线(包括中性线在内)均必须通过漏电保护器，且中性线必须与地绝缘。

(3)应垂直安装，倾斜度不得超过 5°。

(4)安装漏电保护器后，不能拆除单相闸刀开关或熔断器等。这样做的好处：一是维修设备时有一个明显的断开点；二是刀闸或熔断器起着短路或过负荷保护作用。漏电保护器的电气符号如图 4-12 所示。

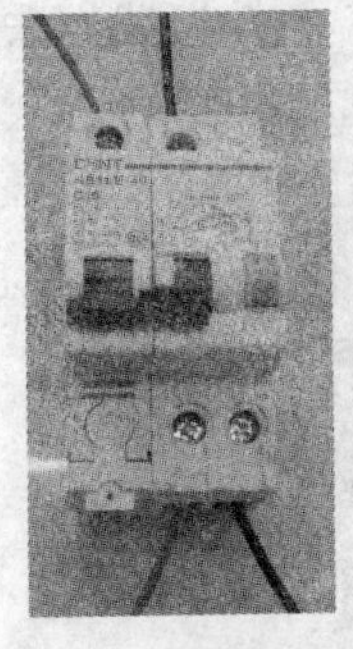

图 4-10　漏电保护器的接线

图 4-11　配电盘上的漏电保护器

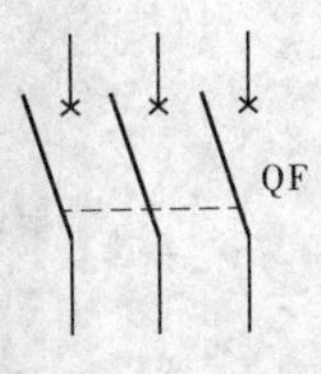

图 4-12　漏电保护器的电气符号

（六）熔断器的安装

低压熔断器广泛用于低压供配电系统和控制系统中，主要用于电路的短路保护，有时也可用于过负载保护。常用的熔断器有瓷插式、螺旋式、无填料封闭式和有填料封闭式。低压熔断器及接线如图 4-13 所示。使用时，将其串联在被保护的电路中，当电路发生短路故障，通过熔断器的电流达到或超过某一规定值时，熔断器以其自身产生的热量使熔体熔断，从而自动分断电路，起到保护作用。低压熔断器的电气符号如图 4-14 所示。

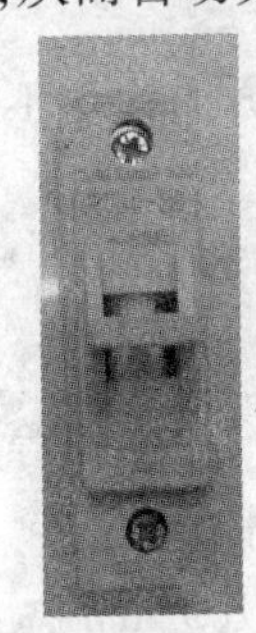

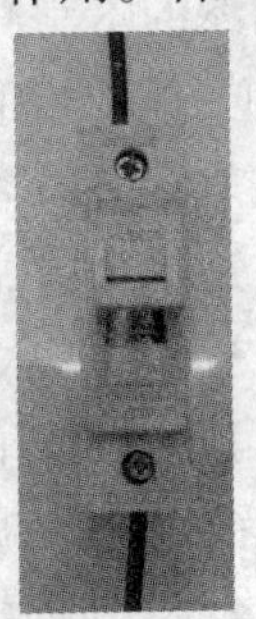

图 4-13　低压熔断器及接线

图 4-14　低压熔断器的电气符号

熔断器的安装要注意以下几点：

(1)安装熔断器必须在断电情况下进行。

(2)安装位置及相互间距应便于更换熔件。

(3)应垂直安装，并能防止电弧飞溅到附近带电体上。

(4)螺旋式熔断器在接线时，为了保证更换熔断管时的安全，下接线端应接电源，而连接螺口的上接线端应接负载。

(5)瓷插式熔断器安装熔丝时，熔丝应顺着螺钉旋紧方向绕过去，同时注意不要划伤熔丝，也不要把熔丝绷紧，以免减小熔丝截面尺寸或拉断熔丝。

(6)有熔断指示的熔管，其指示器方向应装在便于观察的一侧。

(7)更换熔体时，应切断电源，并换上相同额定电流的熔体，不能随意加大熔体。

(8)熔断器应安装在线路的各相线上，三相四线制线路的中性线上严禁安装熔断器，单相二线制线路的中性线上应安装熔断器。

（七）单相电能表（电度表）的安装

1. 单相电能表的接线

单相电能表接线盒里共有4个接线桩，从左至右按1、2、3、4编号。直接接线方法是编号1、3接进线（1接相线，3接零线），2、4接出线（2接相线，4接零线），如图4-15所示。

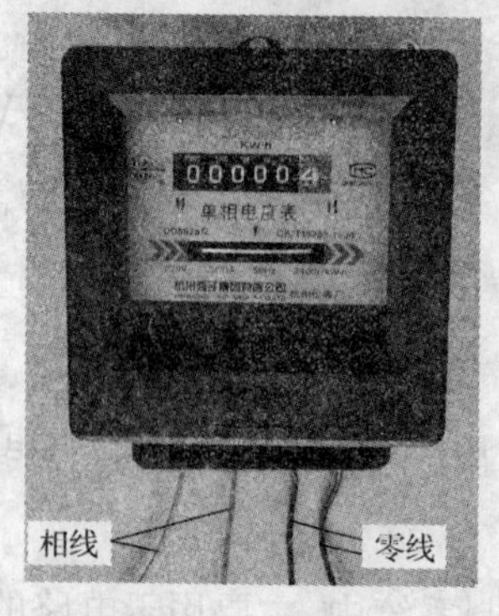

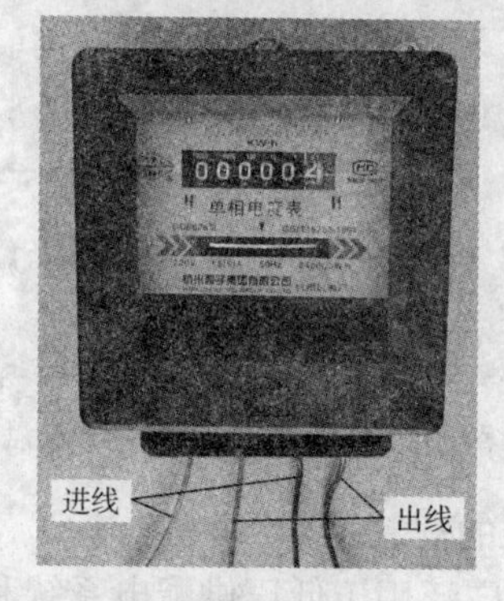

图4-15　单相电能表的接线

注意：在具体接线时，应以电能表接线盒盖内侧的线路图为准。

2. 电能表的安装要点

（1）电能表应安装在箱体内或涂有防潮漆的木制底盘、塑料底盘上。

（2）为确保电能表的精度，安装时表身必须与地面保持垂直，其垂直方向偏移不大于1°。表箱下沿离地高度应在1.7～2 m，暗式表箱下沿离地1.5 m左右。

（3）单相电能表一般应装在配电盘的左边或上方，而开关应装在右边或下方。与上、下进线间的距离大约为80 mm，与其他仪表左右距离大约为60 mm。

（4）电能表的安装部位一般应在走廊、门厅、屋檐下，切忌安装在厨房、卫生间等潮湿或有腐蚀性气体的地方。现住宅多将集表箱安装在走廊上。

（5）电能表的进线、出线应使用铜芯绝缘线，线芯截面面积不得小于1.5 mm^2。接线要牢固，但不可焊接，裸露的线头部分不可露出接线盒。

（6）由供电部门收取电费的电能表，一般由其指定部门验表，然后由验表部门在表头盒上封铅封或塑料封，安装完后，再由供电部门直接在接线桩头盖上或计量柜门上封铅封或塑料封。未经允许，不得拆掉铅封。

（八）照明电路安装要求

1. 照明电路安装的技术要求

（1）灯具安装的高度，室外一般不低于3 m，室内一般不低于2.5 m。

（2）照明电路应有短路保护。照明灯具的相线必须经开关控制，螺口灯头中心接点应接相线，螺口部分与零线连接。不准将电线直接焊在灯泡的接点上使用。绝缘损坏的螺口灯头不得使用。

（3）室内照明开关一般安装在门边便于操作的位置，拉线开关一般应离地2～3 m，暗装翘板开关一般离地1.3 m，与门框的距离一般为0.15～0.20 m。

（4）明装插座一般应离地1.3～1.5 m。暗装插座一般应离地0.3 m，同一场所暗装的插座高度应一致,其高度相差一般应不大于 5 mm。多个插座成排安装时,其高度差应不大于 2 mm。

(5)照明装置的接线必须牢固,接触良好。接线时,相线和零线要严格区别,将零线接灯头,相线须经过开关再接灯头。

(6)应采用保护接地(接零)的灯具,金属外壳要与保护接地(接零)干线连接完好。

(7)灯具安装应牢固,灯具质量超过 3 kg 时,必须固定在预埋的吊钩或螺栓上。软线吊灯的质量应在 1 kg 以下,超过时应加装吊链。固定灯具需用接线盒及木台等配件。

(8)照明灯具须用安全电压时,应采用双圈变压器或安全隔离变压器,严禁使用自耦(单圈)变压器。安全电压额定值的等级为 42 V、36 V、24 V、12 V、6 V。

(9)灯架及管内不允许有接头。

(10)在导线引入灯具处应有绝缘保护,以免磨损导线的绝缘,不应使其承受额外的拉力;导线的分支及连接处应便于检查。

2. 照明电路安装的具体要求

(1)布局:根据设计的照明电路图,确定各元器件安装的位置,要求布局合理、结构紧凑、控制方便、美观大方。

(2)固定器件:将选择好的器件固定在网板上,排列各个器件时必须整齐。固定的时候,先对角固定,再两边固定。要求元器件固定可靠。

(3)布线:先处理好导线,将导线拉直,消除弯折,布线要横平竖直,转弯处成直角,并做到高低一致或前后一致,少交叉,应尽量避免导线接头。多根导线并拢平行排列。在走线的时候,时刻记着"左零右相"(即左边接零线,右边接相线)的原则。

(4)接线:由上至下,先串后并;接线正确、牢固,各接点不能松动,敷线平直整齐,无露铜、反圈、压胶,每个接线端子上连接的导线根数一般不超过两根,绝缘性能好,外形美观。红色线接电源相线(L),黑色线接零线(N),黄绿双色线专作地线(PE);相线过开关,零线一般不进开关;电源相线进线接单相电能表端子"1",电源零线进线接端子"3",端子"2"为相线出线,端子"4"为零线出线。进出线应合理汇集在端子排上。

(5)检查线路:用肉眼观看电路,看有没有多余线头。参照设计的照明电路安装图,检查每条线是否严格按要求进行连接,每条线有没有接错位,注意电能表是否接反,漏电保护器、熔断器、开关、插座等元器件的接线是否正确。

(6)通电:由电源端至负载依次送电,先合上漏电保护器开关,然后合上控制白炽灯的开关,白炽灯正常发亮,合上控制日光灯开关,日光灯正常发亮。插座可以正常工作,电能表根据负载的大小决定表盘转动快慢,负荷大时,表盘转动就快,用电就多。

(7)故障排除:操作各功能开关时,若不符合要求,应立即停电,判断照明电路的故障,可以用万用表欧姆挡检查线路,要注意人身安全和万用表挡位的选择。

(九)照明电路的常见故障及排除

照明电路的常见故障主要有断路、短路和漏电三种。

1. 断路

相线、零线均可能出现断路。断路故障发生后,负载将不能正常工作。三相四线制供电线路负载不平衡时,零线断线会造成三相电压不平衡,负载大的一相相电压降低,负载小的一相相电压增高,如负载是白炽灯,则会出现一相灯光暗淡,而接在另一相上的灯又变得很亮,同时零线断路负载侧将出现对地电压。

产生断路的原因主要是熔丝熔断、线头松脱、断线、开关没有接通、铝线接头腐蚀等。

断路故障的检查:如果一个灯泡不亮而其他灯泡都亮,应首先检查灯丝是否烧断。若灯丝未断,则应检查开关和灯头是否接触不良、有无断线等。为了尽快查出故障点,可用验电器测灯座(灯头)的两极是否有电,若两极都不亮,说明相线断路;若两极都亮(带灯泡测试),说明中性线(零线)断路;若一极亮一极不亮,说明灯丝未接通。对于日光灯,应对启辉器进行检查。如果几盏电灯都不亮,应首先检查总保险是否熔断或总闸是否接通,也可按上述方法使用验电器判断故障。

2. 短路

短路故障表现:熔断器熔丝熔断,短路故障点有明显烧痕、绝缘碳化,严重的会使导线绝缘层烧焦甚至引起火灾。

造成短路的原因:①用电器具接线不好,以致接头碰在一起。②灯座或开关进水,螺口灯头内部松动或灯座顶芯歪斜碰及螺口,造成内部短路。③导线绝缘层损坏或老化,并在零线和相线的绝缘处碰线。

当发现短路打火或熔丝熔断时,应先查出发生短路的原因,找出短路故障点,处理后更换保险丝,恢复送电。

3. 漏电

漏电不但造成电力浪费,还可能造成人身触电伤亡事故。

产生漏电的主要原因:相线绝缘损坏而接地、用电设备内部绝缘损坏使外壳带电等。

漏电故障的检查:漏电保护装置一般采用漏电保护器。当漏电电流超过整定电流值时,漏电保护器动作切断电路。若发现漏电保护器动作,则应查出漏电接地点并进行绝缘处理后再通电。照明线路的漏电接地点多发生在穿墙部位和靠近墙壁或天花板等部位。查找漏电接地点时,应注意查找这些部位。

(1)判断是否漏电:在被检查建筑物的总开关上接一只电流表,接通全部电灯开关,取下所有灯泡,进行仔细观察。若电流表指针摇动,则说明漏电。指针偏转的多少,取决于电流表的灵敏度和漏电电流的大小。若偏转多则说明漏电电流大,确定漏电后可按下一步继续进行检查。

(2)判断漏电类型:判断是相线与零线之间的漏电,还是相线与大地之间的漏电,或者是两者兼而有之。以接入电流表检查为例,切断零线,观察电流的变化:电流表指示不变,是相线与大地之间的漏电;电流表指示为零,是相线与零线之间的漏电;电流表指示变小但不为零,则表明相线与零线、相线与大地之间均有漏电。

(3)确定漏电范围:取下分路熔断器或拉下开关刀闸,若电流表指示不变化,则表明是总线漏电;若电流表指示为零,则表明是分路漏电;若电流表指示变小但不为零,则表明总线与分路均有漏电。

(4)找出漏电点:按前面介绍的方法确定漏电的分路或线段后,依次切断该线路灯具的开关,当切断某一开关时,电流表指针回零或变小,若回零则是这一分路漏电,若变小则除该分路漏电外还有其他漏电处;若所有灯具开关都切断后,电流表指示仍不变,则说明是该段干线漏电。

四、实训工具与器材

本实训项目实训工具、器材如表 4-1 所示。

表 4-1　照明电路的安装与调试材料工具清单

序号	名称	数量	型号	备注
1	电工实训实验板	1 块	YL－120 Ⅰ型	
2	数字式万用表或指针式万用表	1 台		
3	单相电能表	1 台		
4	剥线钳、电工刀	各 1 把		
5	螺钉旋具	1 套		
6	钢丝钳、斜口钳	各 1 把		
7	尖嘴钳	1 把		
8	验电器	1 台		
9	开关	若干		
10	插座	若干		
11	漏电保护器	1 个		
12	熔断器	2 个		
13	白炽灯、日光灯、节能灯	若干		
14	导线	若干		

五、实训要求

(1)学生可参考照明电路的原理图(见图 4-16)、平面布置图(见图 4-17)和接线图(见图 4-18)分步进行照明电路的安装与布线。

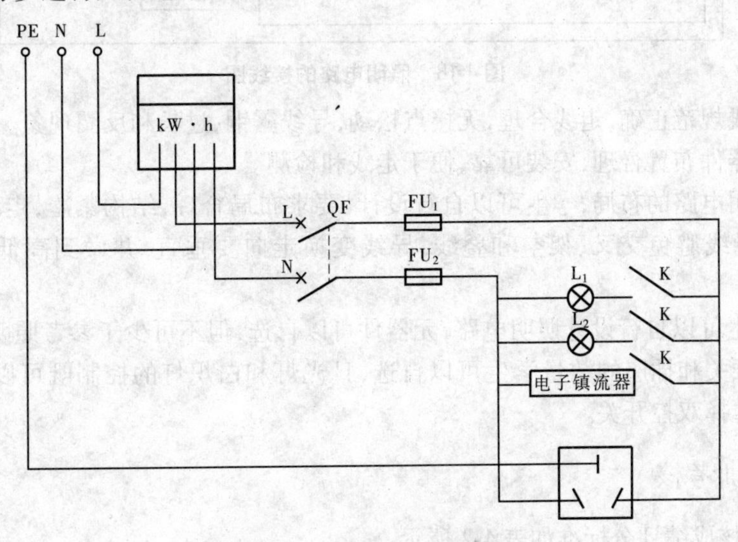

图 4-16　照明电路的原理图

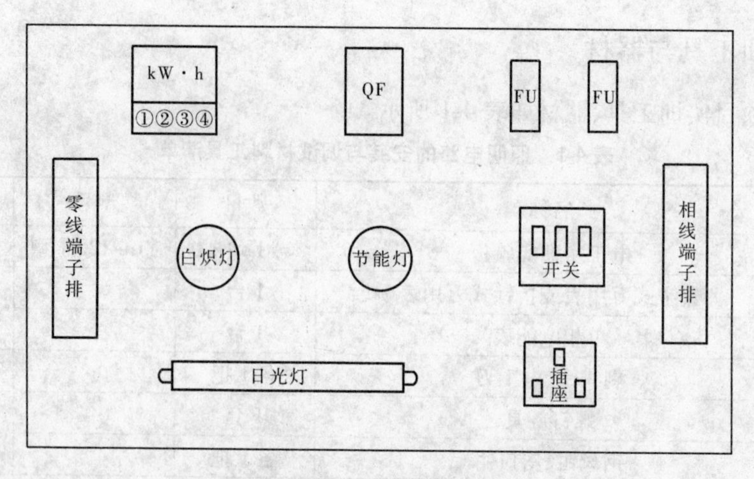

kW · h—电能表;QF—漏电保护器;FU—熔断器

图 4-17　照明电路的平面布置图

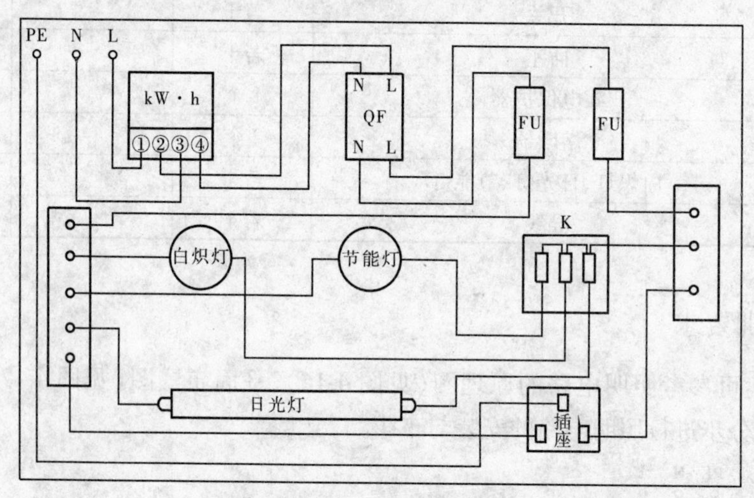

图 4-18　照明电路的接线图

(2)接线规范正确,走线合理,无接点松动,导线露铜、过长和反圈现象。

(3)元器件布置合理,安装可靠,便于走线和检测。

(4)照明电路的布局,学生可以自行设计,要求布局合理,结构紧凑,走线合理,做到横平竖直,导线避免交叉、架空和叠线,导线变换走向要垂直,并做到高低一致或前后一致。

(5)学生可以自行设计照明电路,元器件可以自选,但不可少于参考照明电路中的元器件数量,开关和插座的数量学生可以自选,日光灯和白炽灯的控制既可以选择单控开关,也可以选择双控开关。

六、实训考核

实训考核成绩评分标准如表 4-2 所示。

表 4-2　实训考核成绩评分标准

序号	考核内容	评分标准		配分	扣分	得分
1	单相电能表	相线与零线接错扣 5 分		20		
2	开关与漏电保护器	(1)走线不合理扣 3 ~ 5 分； (2)漏电保护器进、出线接错扣 5 分； (3)盘面不整齐扣 2 ~ 5 分		25		
3	板面布线与导线连接	(1)走向不合理扣 3 ~ 5 分； (2)不按要求接线扣 2 ~ 4 分； (3)无接点松动，导线露铜、过长和反圈现象，错一处扣 2 分		25		
4	灯具与插座	(1)元件安装正确、牢固，错一个扣 10 分； (2)接线正确、牢固，错一处扣 3 分； (3)导线剥削无损伤，损伤一处扣 2 分		20		
5	安全文明生产	违反安全文明操作规程，每处扣 3 ~ 5 分		10		
备注		合计		100		
		教师签字		年	月	日

实训项目二　低压配电箱(盘、板)的安装

一、实训目的

(1)了解低压配电箱(盘、板)的组成。

(2)掌握低压配电箱(盘、板)的安装工艺。

二、实训内容

(1)单相配电板的安装练习。

(2)三相配电板的安装练习。

三、相关知识

配电箱有明式、暗式两种。配电箱由盘面和箱体两部分组成，也有做成开启式的。如果用户用电量较大，箱中设备较多，为观察、维护及操作的方便，多将配电箱做成立式柜。一个配电盘需要多大，应装哪些设备，可根据计量方式、电动机的容量及台数和照明方式等实际情况来确定。

(一)配电箱(盘、板)中的设备选择

1. 总开关

总开关就是电源开关，它装在电能表前面，也叫表前开关。其为可选用电压为 500

V,电流为所带负荷的总额定电流的开关,并且应串联熔断器作总电路过载和短路保护。

控制多台电动机的动力配电箱的总开关可选用 HD 型连杆操纵式刀开关,它有速断刀片,以加速动静触头分离。由连杆操纵分合闸,这种刀熔开关组合安装面积小、动作准确、额定断流容量大,能更好地起到断路器和隔离开关的双重作用。

小容量配电盘总开关可用瓷底胶盖刀开关或铁壳开关,有的甚至可以只用熔断器作总开关。瓷底胶盖刀开关应用裸铜线将下胶木盖内熔丝位置直连,另外在电源侧串联熔断器作总电路过载、短路保护。

2. 分路刀开关

分路刀开关装在电能表之后,又称表后开关。总配电盘上一般只装动力、照明两个分路刀开关,动力控制柜(盘)中一台电动机装一个分路刀开关,其规格由电动机启动方式确定。如采用瓷底胶盖刀开关,也应用裸铜线将下胶木盖内熔丝位置直连,在其负载侧串联熔断器作分路的过载、短路保护。

落地式动力配电箱是保护容量较大、台数较多电动机负载的成套产品,其出线一般不再安装刀开关,只串联 RM 型无填料管式熔断器。其熔管在空载时的插、拔可借助动力箱中专用配件(绝缘夹钳)操作。这种熔断器具有快速灭弧和限流作用,且线路过电压值也小,能有效保护电动机。

3. 交流电压表

交流电压表用于观测电源电压,可选用 10.16 cm^2 或 15.24 cm^2 的盘表,盘表一般为电磁式电压表。电动机电压为 380 V 时,电压表量程为 0 ~ 450 V 或 0 ~ 500 V;测量相电压时,电压表量程为 0 ~ 250 V。如果用一只电压表测量三个相间电压,则需加装电压测量转换开关。

4. 交流电流表

交流电流表用于观测电动机电流,可选用与电压表同样外形尺寸的电磁式电流表。量程一般按电动机额定电流的 1.5 ~ 2.5 倍选择。选大了则误差大,选小了则容易在电动机启动电流冲击下损伤仪表。电流表分为直通式和比数式两种,比数式电流表要和电流互感器配合选用。如果用一只电流表测量三相电流,则要加装电流转换开关。

5. 电流互感器

选择电流互感器时,一般要求一次额定电流大于负载电流。

6. 电能表

根据所测负荷种类不同,电能表分为单相电能表、三相三线制电能表和三相四线制电能表;根据所测功率性质不同,电能表又可分为有功电能表和无功电能表。一般情况下只装有功电能表,需要时加装无功电能表。电能表也有直通式和比数式两种,比数式电能表要和电流互感器配合选用。

(二)设备布置及配线

1. 盘面设备布置

盘面上的设备布置应整齐、美观、安全及便于检修,以便于观察仪表和便于操作为原则。

一般将电压表、电流表分别置于动力配电盘上方的左右侧,总开关装在盘面左侧或上方,出线的刀开关装在盘面右侧或下方,盘面上设备排列最小间距如表 4-3 所示。安装时,可先将需要安装的全部电气元件按最小间距摆布合适,在盘上画出元件轮廓、安装孔以及进出线需要钻孔的位置,然后再固定好设备,进行接线。

表 4-3　盘面上设备排列最小间距　　（单位:mm）

设备名称	上下间距	左右间距	设备名称	上下间距	左右间距
仪表与仪表		60	互感器与仪表	80	50
仪表与线孔	80		插熔丝与其他设备		30
开关与仪表		60	指示灯、保险盒之间以及其他设备之间	30	30
开关与开关		50			
开关与线孔	30		设备与箱壁	50	50
线孔与线孔	40		线孔与箱壁	50	50

2. 配线

在配线时应注意以下要求:

(1)配电盘接线如图 4-19 所示。配线必须采用绝缘导线,其规格要求(截面面积)为:铝线不得小于 2. 5 mm^2,铜线不得小于 1. 5 mm^2;电流互感器二次侧配线铜线最小为 2. 5 mm^2。

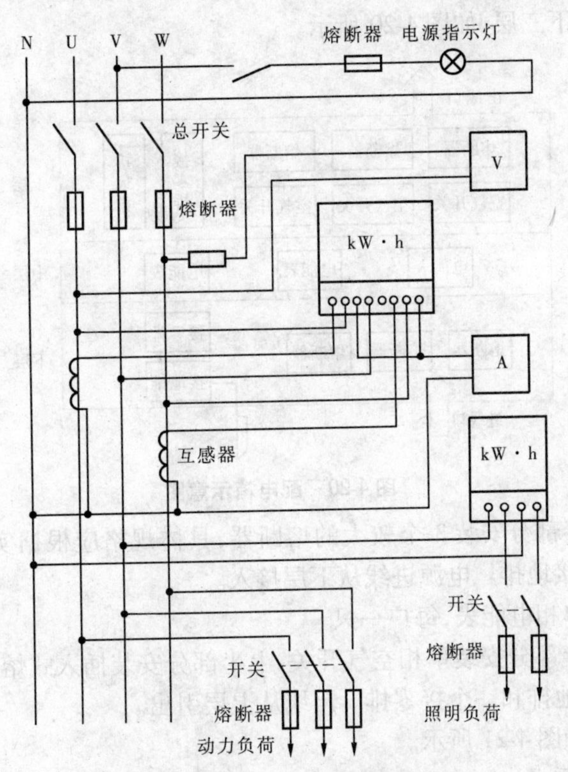

图 4-19　配电箱(盘、板)接线原理图

(2)导线必须妥善连接,不得有错接、漏接和接触不良等现象。导线和接线端子必须有良好的接触,并要连接牢固,最好用专门的线端头连接。

(3)配电盘后面的配线需排列整齐、绑扎成束,并且固定在盘板上,盘后引出及引入导线应留有适当裕度,以便检修。

(4)为了加强盘后配线的绝缘强度和便于维护管理,导线均应按相位套以黄(U 相)、绿(V 相)、红(W 相)色塑料软管,中性线用黑色。导线也可不套软管,应用相应颜色区别相位。导线如有交叉,应套软管加强绝缘。

(5)配电盘上的刀开关、熔断器上接电源,下接负荷。如设备横向安装,插入式熔断器面对配电盘左侧接电源,右侧接负载。盘上装有电源指示灯时,电源从进线总开关前端接入。

(6)导线穿过盘面木板时须套塑料软管,铁盘须安装橡胶护圈,工作零线穿过盘面时可不套塑料软管。

(7)配电盘所有电器下方均安装“标签”,并注明相序、路别、额定电流以及所控制路别名称,在盘门的内侧粘贴单线线路图。

(三)小容量配电箱的安装

1. 居民住宅用配电箱

1)组成

一个配电箱应包括底板、单相电能表、插入式熔断器、单相空气开关、线槽等部分。其主要结构有上、中、下三层,如图 4-20 所示。

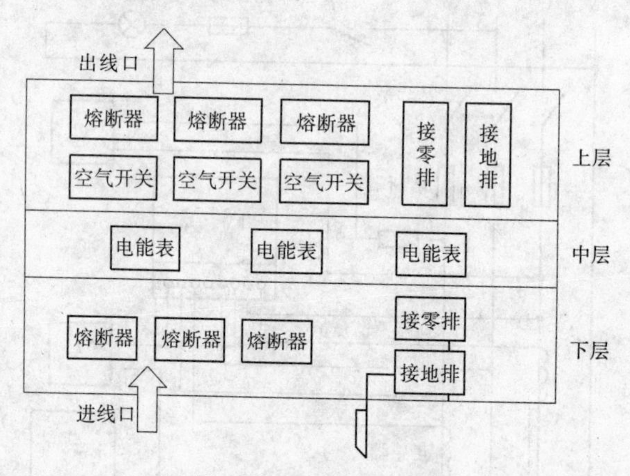

图 4-20　配电箱示意图

(1)下层的左半部分安装 3 个较大的熔断器,具体规格应根据实际需要选定。右半部分安装接零排和接地排。电源进线从下层接入。

(2)中层安装单相电能表,每户一只。

(3)上层的下半部分安装单相空气开关,上半部分安装插入式熔断器,在上层的最右边还要安装一个接地排和一个接零排。出线从上层引出。

(4)线路走向如图 4-21 所示。

2)安装步骤及要求

(1)按配电箱结构和元器件数目确定各元器件的位置。要求盘面上的电器排列整齐

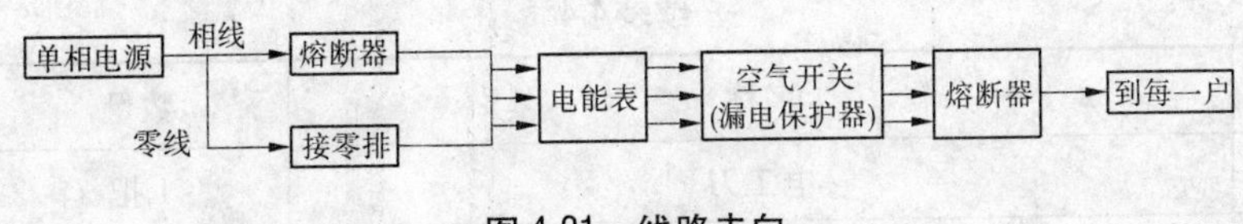

图 4-21　线路走向

美观,便于监视、操作和维修。通常将仪表和信号灯居上安装,经常操作的开关设备居中安装,较重的电器居下安装,各种电器之间应保持足够的距离,以保证安全。在接线时,空气开关必须接相线。

(2)用螺钉固定各电气元件,要求安装牢固,无松动。

(3)按线路图正确接线,要求配线长短适度,不能出现压皮、露铜等现象;线头要尽量避免交叉,必须交叉时应在交叉点架空跨越,两线间距不小于 2 mm。

(4)配线箱内的配线要通过线槽完成,导线要使用不同的颜色。

2. 室内配电箱

目前,在家庭和办公室中使用的配电箱一般都是专业厂家生产的成套的低压照明配电箱或动力配电箱。这些配电箱在低压电器的选用、器件排布、工艺要求、外形等方面都有比较好的质量和性能。组合配电箱有多种规格,家庭普遍采用 PZ30－10 系列产品。

(1)组合配电箱的结构。家庭常用组合配电箱的结构示意如图 4-22 所示。中间是一根导轨,用户可根据需要在导轨上安装空气开关和插座。上、下两端分别有接零排和接地排。

(2)组合配电箱的使用。在使用组合配电箱时,用户应根据实际需要合理安排器件,如先设一总电源开关,再在每间房间设分开关。开关全部为空气开关,常用型号为 DZ47－63 型。当某一房间有短路、漏电等现象时,空气开关会自动断开,切断电源,保证安全。同时,也可知道线路故障的大致位置,便于检修。组合配电箱的接线如图 4-23 所示。

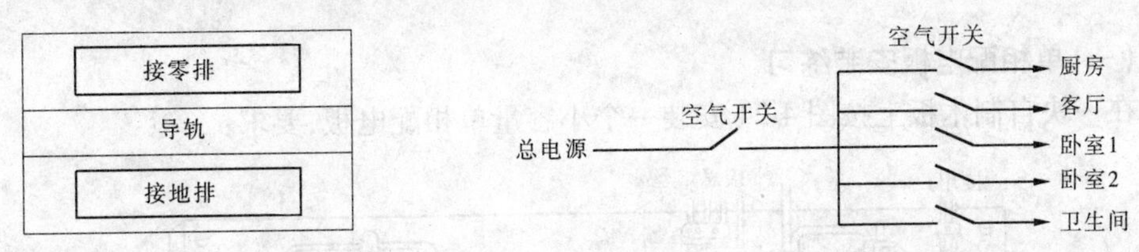

图 4-22　组合配电箱的结构

图 4-23　组合配电箱的接线示意图

四、实训工具与器材

本实训项目所需工具与器材见表 4-4。

表 4-4　低压配电箱(盘、板)的安装实训工具材料清单

序号	名称	数量	备注
1	数字式万用表或指针式万用表	1 台	
2	三相四线制 5 A 电能表	1 台	
3	单相电能表	1 台	
4	剥线钳	1 把	

续表 4-4

序号	名称	数量	备注
5	电工刀	1 把	
6	螺钉旋具	1 套	
7	钢丝钳	1 把	
8	斜口钳	1 把	
9	尖嘴钳	1 把	
10	验电器	1 台	
11	木工锯、钢锯	各 1 把	
12	榔头	1 个	
13	二极胶盖开关	1 个	
14	三极胶盖开关	2 个	
15	电流互感器	2 个	
16	熔断器	3 个	
17	100 W 灯泡和灯座	1 个	
18	导线、扎带、木螺钉、绝缘胶布、20 mm 厚木板	若干	

五、实训要求

(一)单相配电板安装练习

在一块自制木板上按图 4-24 安装一个小容量单相配电板,要求:

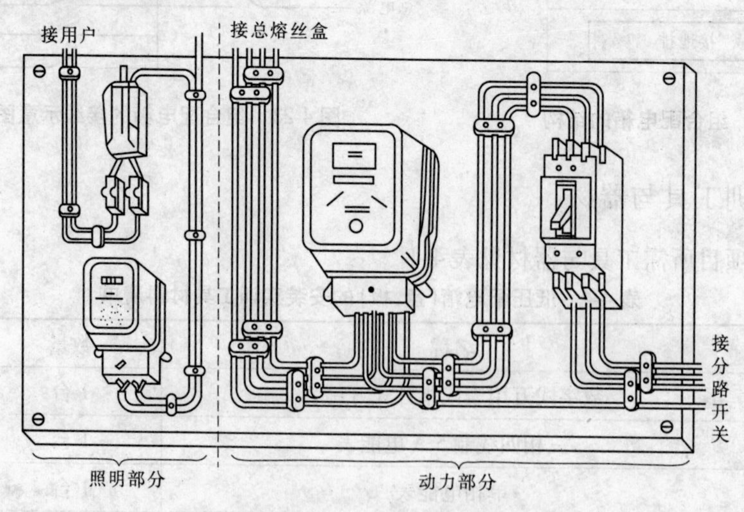

图 4-24　小容量单相配电板接线图

(1)元器件放置合理,走线横平竖直,接线牢固。

(2)电源总开关先采用刀开关接入,然后再用空气断路器接一次,体会两种接线的差异。

(3)在同一个工作台上连接照明电路,并在某一插座上接入一个 500 ~ 1 000 W 的电炉(或其他用电器)作为负载,观察单相电能表的转动情况。

(二)三相配电板的安装练习

在自制木板上按图 4-25 安装一个大容量三相配电板,要求:

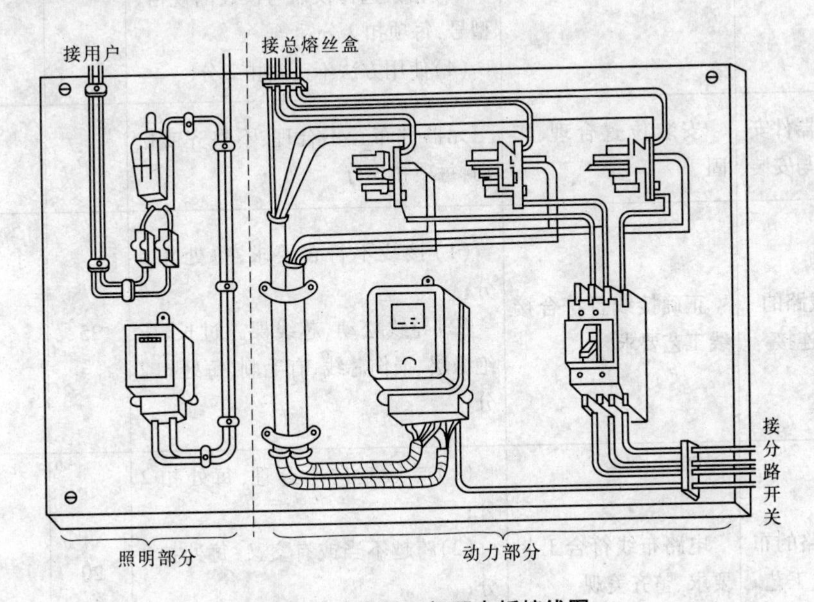

图 4-25　大容量三相配电板接线图

(1)元器件放置合理,走线横平竖直,接线牢固。

(2)电源总开关先采用刀开关接入,然后再用空气断路器接一次,体会两种接线的差异。

(三)操作要求

(1)正确布置电气元件;

(2)电气元件的选用符合要求、元件布置合理,安装牢固、美观;

(3)导线敷设整齐、接线端压接牢固、规范;

(4)正确使用仪表和工具,文明操作;

(5)调试配线电路,用万用表对电气元件和线路进行测试,观察静态时电路中关键点的通断关系是否正确;

(6)通电试验。

六、实训考核

实训考核成绩评分标准如表 4-5 所示。

表 4-5　实训考核成绩评分标准

序号	考核内容	考核要求	评分标准	配分	扣分	得分
1	操作准备	工具、材料及元器件的识别与选择	(1)设备、材料型号识错,每个扣5分; (2)设备、材料规格识错,每个扣5分; (3)错误选择仪器与仪表的规格、型号,每项扣2分; (4)使用方法不正确扣2分	10		
2	元器件安放与安装	安装位置合理、牢固	元器件布置不合理、不整齐或松动,每项扣3分	15		
3	线路的连接	正确接线且符合接线工艺要求	(1)接线不符合要求,每处扣5分; (2)导线松动、芯线裸露过长、压绝缘层、损伤芯线、有毛刺,每处扣2分	25		
4	电路的布线工艺	电路布线符合工艺要求、整齐美观	(1)导线走向不合理,每处扣2分; (2)跨越不当或有交叉,每处扣3分; (3)线路敷设工艺差、布线不整齐美观扣5分	20		
5	安全与文明生产	操作过程符合电工作业安全规范和文明生产要求	(1)违反安全技术和安全操作规程,每项扣2分; (2)操作现场工具、器具和仪表、材料摆放不整齐扣2分; (3)不听指挥、发生严重设备和人身事故,取消考试资格	10		
6	检查运行	按照设计要求或产品技术文件的规定,全面检查所安装的设备和线路,试运行一次成功	(1)检查线路,每漏一项扣5分; (2)每处故障扣5分; (3)送电一次不成功扣5分	20		
备注			合计	100		
		教师签字		年	月	日

第五章　三相电能计量装置安装实训

一、实训目的

(1)熟悉带 TA(电流互感器)三相四线制电能表的安装要求与规则,并能正确接线。

(2)掌握三相电能计量装置的安装工艺及要求。

二、实训内容

按照如图 5-1 所示的接线图,在实训指导老师的指导下安装带 TA 的低压三相四线制电能计量装置。

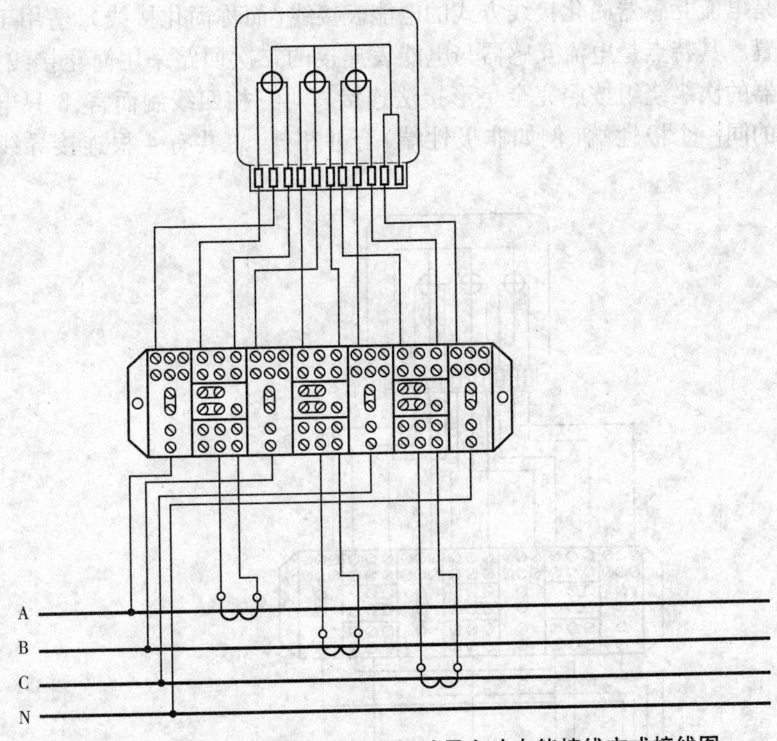

图 5-1　经电流互感器接入式分相计量有功电能接线方式接线图

三、相关知识

(一)经 TA 接入式三相四线制电能表的正确接线

低压三相四线制经 TA 接入式电能表的参比电压为 3×220/380 V,电能表规格为:3×220/380 V,3×1.5(6)A、3×3(6)A、3×5(6)A。相配套的电能计量装置为 3 台低压电流互感器。

1. 经 TA 接入式三相四线制电能表的用途

一般三相用电负荷在 50 kW 及以上并具有专用变压器的电力用户采用此种接法。其用途如下：

(1)三相三线制高压供电低压计量的具有专用变压器用户的三相动力计费用表。

(2)三相四线制低压供电低压计量的普通中小工业、非工业电力用户的三相动力计费用表、照明计费用表。

(3)三相四线制低压供电农业用三相动力计费用表。

2. 经 TA 接入式三相四线制电能表的接线形式

其常用接线可分为以下两种：

第一种是电流互感器分相接线方式的电能表接线(简称分相接线),适用于计费用电能计量装置。其特点是电流互感器与电能表连接的二次回路采用分相接线方式,每相电流互感器次级绕组应分别单独放线与电能表对应的电流线路相连接。对三相四线制而言,3 只电流互感器的次级绕组共有 6 根连接导线,如图 5-1 所示。

第二种是电流互感器简化接线方式的电能表接线(简称简化接线),适用于非计费用电能计量装置。其特点是电流互感器与电能表连接的二次回路采用简化接线方式,即各相电流互感器的次级绕组按照完全星形接法连接。对三相四线制而言,3 只电流互感器的次级绕组的同一个极性端(例如非极性端)合并相连,总共有 4 根连接导线,如图 5-2 所示。

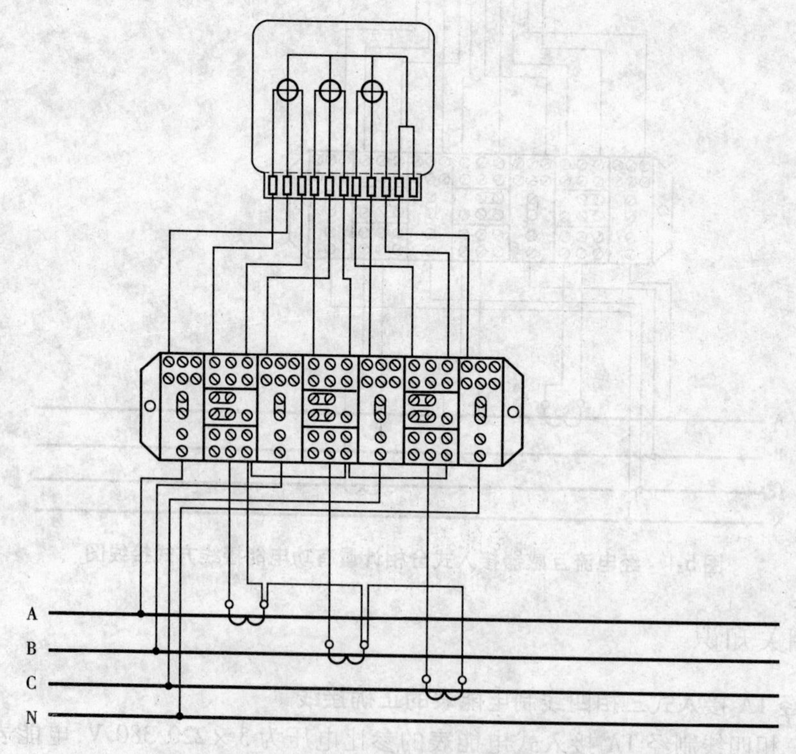

图 5-2　经电流互感器接入式分相计量有功电能简化接线方式接线图

需要指出的是，图 5-2 为非计费用电能表接线图，DL/T 825—2002《电能计量装置安装接线规则》规定对计费用的电能计量装置不推荐使用此种接线方式，仅为内部测量用。此种接线方式在电路原理上与图 5-1 没有区别，但容易造成错误接线，也不容易检查。若某相电流互感器二次绕组接反，将会使相线或零线中出现异常电流，而且只能靠停电来改正其二次接线。而分相接法较不容易接错，即使接错了也很容易检查和恢复。

（二）经 TA 接入式三相四线制电能表的接线规则

中华人民共和国电力行业标准 DL/T 825—2002《电能计量装置安装接线规则》要求：

（1）按待装电能表端钮盒盖上的接线图正确接线。

（2）装表用导线颜色规定：A、B、C 各相线及 N 中性线分别采用黄、绿、红及黑色。接地线采用黄绿双色。这是符合国家标准 GB/T 2681—1981《电工成套装置中的导线颜色》规定的。

（3）三相电能表端钮盒的接线端子，应遵循"一孔一线"、"孔线对应"的原则。禁止在电能表端钮盒端子孔内同时连接两根导线，以减小在电能表更换时接错线的概率。

（4）三相电源应按正相序装表接线。因三相电能表在接线图上已标明正相序，而且在室内检定时也是按正相序检定的，特别是感应式无功电能表若接逆相序电源，将会出现"倒走"。

（5）对经 TA 接入式的三相电能表，为便于日常现场检表和不停电换表，建议在电能表前端加装试验接线盒。

（6）经 TA 接入式电能表装表用的电压线应采用导线截面面积为 2.5 mm^2 及以上的绝缘铜质导线；装表用的电流线应采用导线截面面积为 4 mm^2 的绝缘铜质导线。

（7）3 只低压电流互感器二次绕组宜采用不接地形式（固定支架应接地），因低压电流互感器的一次、二次绕组的间隔对地绝缘强度要求不高，二次绕组不接地可减小电能表受雷击放电的概率。

（8）严禁电流互感器二次绕组与电能表相连接的回路中有接头，必要时应采用电能表试验接线盒、电流型端子排等过渡连接。电流互感器二次回路严禁开路。

（9）若低压电流互感器为穿芯式，应采用固定单一变比量程，以防止发生互感器倍率差错。

（10）采用合适的螺丝刀具拧紧端钮盒内所有螺钉，确保导线与接线柱间的电气连接牢固可靠。

（11）电能表应牢固地安装在电能计量柜或计量箱体内。

（三）经 TA 接入式三相四线制电能表安装与接线步骤

根据确定的装表接线方案，按下列步骤进行计量装置安装：

（1）选择确定电能表及电流互感器安装位置。

（2）根据负荷需要选择一次导线截面，按所需长度锯断或剪断导线，并剥削导线线头，压接线"鼻子"。

（3）安装固定电流互感器，注意在同一方向安装，保证电流互感器二次桩头极性排列方向一致。

（4）进行二次回路敷设安装。

(5)悬挂有功电能表。

(6)正确使用二次导线连接电流互感器和有功电能表,并拧紧所有接线螺钉。

(7)检查接线,确认接线正确。

(8)检查并清理工作现场,确认工作现场无遗留的工器具、材料等物品。

(9)进行送电前检查。

(四)电能表的安装注意事项

1.电能表的安装场所应符合的规定

(1)周围环境应干净明亮,不易受损、受震,无磁场及烟灰影响。

(2)无腐蚀性气体、易蒸发液体的侵蚀。

(3)运行安全可靠,抄表读数、校验、检查、更换方便。

(4)电能表原则上装于室外的走廊、过道内及公共的楼梯间,或装于专用配电间(二楼及以下),以及专用计量屏内。

(5)装表点的气温应不超过电能表标准规定的工作温度范围。

2.电能表的一般安装规则

(1)高压供电低压计量的用户,计量点到变压器低压侧的电气距离不宜超过20 m。

(2)电能表的安装高度,对计量屏,应使电能表水平中心线距地面在0.6~1.8 m的范围内;对安装于墙壁的计量箱,宜为1.6~2.0 m。

(3)装在计量屏(箱)内及电能表板上的开关、熔断器等设备应垂直安装,上端接电源,下端接负荷。相序应一致,从左侧起排列相序为U、V、W(或u、v、w)、N。

(4)电能表的空间距离及表与表之间的距离均不小于10 cm。

(5)电能表安装必须牢固垂直,每只表除挂表螺钉外至少还有一只定位螺钉,应使表中心线在各方向的倾斜度不大于1°。

当装用或校验感应式电能表时,安装位置偏离中心线而倾斜一定的角度将会引起附加误差,其原因有两个:

①圆盘相对于电磁铁的位置发生变化,引起了转动力矩的改变。当电磁铁相对于圆盘的位置两边不对称时,就会产生一个附加的力矩。其作用原理和低负荷补偿力矩相似。

②转动体对上下轴承的侧压力随着电能表的倾斜而增大,引起了摩擦力矩的增大,使得电能表出现负误差。

倾斜引起的表计误差在轻负荷时会大得多,对于磁力轴承的电能表,倾斜引起的误差更为严重。因此,感应式电能表安装时不能倾斜,以减小倾斜误差。

(6)安装在绝缘板上的三相电能表,若有接地端钮,应将其可靠接地或接零。单相220 V电能表一般不设接地端钮,有的三相电能表未设接地端钮。对设有接地端钮的三相电能表,应可靠接地或接零。

(7)在多雷地区,计量装置应装设防雷保护,如采用低压阀型避雷器。

(8)在装表接线时,必须严格按照接线盒内的图纸施工。对无图纸的电能表,应先查明内部接线。现场检查的方法:使用万用表测量各端钮之间的电阻值,一般电压线圈阻值在千欧级,而电流线圈的阻值近似为零。若在现场难以查明电能表的内部接线,应将表退回。

(9)在装表接线时,必须遵守以下接线原则:

①三相电能表必须按正相序接线;

②三相四线制电能表必须接零线;

③电能表的零线必须与电源零线直接连通,进出有序,不允许相互串联,不允许采用接地、接金属外壳等方式代替;

④进表导线与电能表接线端钮应为同种金属导体。

(10)进表导线裸露部分必须全部插入接线盒内,并将端钮螺钉逐个拧紧。线小孔大时,应采取有效的补救措施,例如绑扎铜丝进表孔。带电压连接片的电能表,安装时应检查其接触是否良好。导线的转弯角应为90°。弯线时,严禁划伤导线绝缘。剪线时,要量好尺寸,以免过短。线头(裸露部分)要有足够长度。导线进入刀闸时,要弯一个延长弯。刀闸保险丝端头不应过长。

3. 零散居民用户和三相供电的经营性照明用户电能表的安装要求

(1)电能表一般安装在用户室内进门处。装表点应尽量靠近沿墙敷设的接户线,并装在便于抄表和巡视的地方。电能表的安装高度,应使其水平中心线距地面1.8~2.0 m。

(2)电能表的安装,采用表板加专用电能表箱的方式。每一用户在表板上安装三相四线制电能表1块、封闭电能表的专用电能表箱1个及瓷插式熔断器、闸刀开关若干。

(3)专用电能表箱应由供电公司统一设计,其作用为:①保护电能表;②加强封闭性能,防止窃电;③防雨、防潮、防锈蚀、防阳光直射。

(4)电能表的电源侧应采用电缆(或护套线)从接户线的支持点直接引入表箱,电源侧不装设熔断器,也不应有破口、接头的地方。

(5)电能表的负荷侧,应在表箱外的表板上安装瓷插式熔断器和总开关,熔体的熔断电流宜为电能表额定最大电流的1.5倍左右。

(6)电能表及电能表箱均应分别加封,用户不得自行启封。

(五)电流互感器的安装

低压电流互感器的安装,一般应遵循以下安装规范:

(1)电流互感器安装必须牢固。互感器外壳的金属外露部分应可靠接地。

(2)同一组电流互感器应按同一方向安装,以保证该组电流互感器一次及二次回路电流的正方向均一致,并尽可能便于观察铭牌。

(3)采用经TA接入方式时,各元件的电压和电流应为同相,互感器极性不能接错。否则,电能表计量不准,甚至反转。

(4)电流互感器二次侧不允许开路,双次级互感器只用一个二次回路时,另一个次级应可靠短接。

(5)低压电流互感器的二次侧可不接地。这是因为低压计量装置使用的导线、电能表及互感器的绝缘等级相同,可承受的最高电压也基本一致;另外,二次绕组接地后,整套装置一次回路对地的绝缘水平将要下降,易使有绝缘弱点的电能表或互感器在高电压作用(如受感应雷击)下损坏。为了避免遭受雷击损坏,也以不接地为佳。

（六）二次回路的安装

（1）电能计量装置的一次与二次接线，必须根据批准的图纸施工。二次回路应有明显的标志，最好采用不同颜色的导线。

二次回路走线要合理、整齐、美观、清楚。对于成套计量装置，导线与端钮连接处应有字迹清楚、与图纸相符的端子编号排。

（2）二次回路的导线绝缘不得有损伤，不得有接头，导线与端钮的连接处必须拧紧，接触良好。

（3）低压计量装置的二次回路有以下两种连接方式：

①每组电流互感器二次回路接线采用分相接法或星形接法。

②电压线宜单独接入，不与电流线公用，取电压处和电流互感器一次侧间不得有任何断口，且应在母线上另行打孔连接，禁止在两段母线连接螺钉上引出。

（4）当需要在一组互感器的二次回路中安装多块电能表（包括有功电能表、无功电能表、多费率电能表等）时，必须遵循以下接线原则：

①每块电能表仍按本身的接线方式连接；

②各电能表所有的同相电压线圈并联，所有的电流线圈串联，接入相应的电压、电流回路；

③保证二次电流回路的总阻抗不超过电流互感器的二次额定阻抗值；

④电压回路中，从母线到每个电能表端钮盒之间的电压降应符合《电能计量装置技术管理规程》的要求。

四、实训工具与器材

本实训项目所需工具与器材见表5-1。

表5-1　实训工具材料清单

序号	名称	数量	备注
1	三相四线制电能表	1台	主装置
2	三相刀开关	1个	安装设备
3	单相小型断路器	5台	
4	二次导线（黄、绿、红等颜色）	若干米	
5	DX－4型三相计量箱	1个	
6	三相四线制联合接线盒	1个	
7	电工七连套	1套	安装工具（万用表、平口螺丝刀、十字螺丝刀、剥线钳、尖嘴钳等）

五、实训要求

（1）正确识读经TA接入式三相四线制电能表安装线路图；

（2）正确识别设备、材料，正确选用电工工具、仪器和仪表；

(3)按照电能计量装置安装接线规则和步骤正确安装接线；

(4)在安装电能表及其他元件时，应使各元件放置在合适的位置，布局要合理，工艺美观；

(5)正确选择导线线径、互感器变比、空气开关及电能表额定电流；

(6)接线原则是电流线圈与负荷串联，电压线圈与负荷并联；

(7)用万用表或“通灯”检查接线正确性，电压、电流回路分开检查，确保接线正确；

(8)测试，运行良好。

六、实训考核

实训考核成绩评分标准见表5-2。

表5-2 实训考核成绩评分标准

序号	考核内容	考核要求	评分标准	配分	扣分	得分
1	识图	正确识读给定题目的电路图	(1)错误解释和表述文字、符号意义，每个扣2分； (2)错误说明设备在电路中的作用，每个扣2分	10		
2	识别设备、材料	正确识别所需设备、材料	(1)设备、材料型号识错，每个扣5分； (2)设备、材料规格识错，每个扣5分	10		
3	选用仪器、仪表	正确选用所需仪器、仪表检测元器件及电路	(1)错误选择仪器、仪表的规格、型号，每项扣2分； (2)使用方法不正确扣2分； (3)试运行记录错误，每项扣2分	10		
4	选用工具、器具	正确选用所需电工工具、器具	(1)错误选择工具、器具的类别和规格均扣1分； (2)使用方法不正确扣1分	5		
5	安全与文明生产	操作过程符合电工作业安全规范和文明生产要求	(1)违反规程，每项扣2分； (2)操作现场工具、器具和仪表、材料摆放不整齐扣2分； (3)不听指挥致使发生严重设备和人身事故的，取消考试资格	10		

续表 5-2

序号	考核名称	考核要求	评分标准	配分	扣分	得分
6	导线剥削	导线剥削工艺正确、操作规范	(1)芯线露出长度不合格,每处扣2分; (2)损坏芯线,每处扣2分	10		
7	检查试验	正确检查线路,送电试验一次成功	(1)互感器、表计接线端子首末端接错扣5分; (2)接触不良每处扣2分; (3)接线不完整,每空一个端子扣5分; (4)接线时间超过5 min扣3分	25		
8	检查运行	正确检查线路,试运行一次成功	(1)检查线路,每漏一项扣5分; (2)送电一次不成功扣5分	20		
备注			合计	100		
			教师签字	年	月	日

第六章 低压继电控制线路安装实训

一、实训目的

(1)熟悉常用低压电器的图形符号、作用,了解常用低压电器的原理、型号等基本知识,掌握电气控制线路的基本知识。

(2)通过实训理解常规低压继电控制线路的原理。

(3)熟悉常规低压继电控制线路的安装工艺。

(4)了解电气控制线路故障的简单测试与排除方法。

(5)能够按照图样要求进行典型控制线路配电板的配线(包括选择电气元件、导线等)及安装调试工作。

二、实训内容

几种典型低压继电控制线路的安装实训。

三、相关知识

电动机的控制常使用的继电接触器控制电路是把接触器、继电器、按钮、行程开关等电气元件,用导线按一定方式连接组成的控制线路。本章介绍电气控制电路的构成原则、常用的单元电路,以及其对电力拖动系统的启动、制动、调速、换向等功能。

电气控制系统图主要包括电气原理图和电气接线图。在电气控制系统中,清晰地表达系统的设计意图和准确地分析、安装、调试和检修,都离不开电气控制系统图。熟练绘制与识读电气控制系统图是维修电工的一项基本技能。

(一)电气原理图

用国家规定的标准图形符号和项目代号表示电路中各个电气元件的连接关系及电气工作原理的工程图样称为电气原理图。

1. 电气原理图的绘制方法

(1)电气原理图一般分为电源电路、主电路、控制电路、信号电路及照明电路。电源电路画成水平线,三相交流电源相序 L_1、L_2、L_3 由上而下依次排列画出,中性线 N 和保护线 PE 画在相线之下。直流电源则按照“正极在上、负极在下”的原则画出。电源开关要水平画出。主电路要垂直电源电路画在原理图的左侧。控制电路、信号电路、照明电路要跨接在两相电源线之间,依次垂直画在主电路的右侧。电路中的耗能元件(如接触器和继电器的线圈、信号灯、照明灯等)要画在电路的下方,而电器的触点画在上方。

(2)电气原理图中,各电器触点位置按电路未通电或电器未受外力作用时的常态位置画出,各电气元件不画实际的外形图,而采用国标所规定的图形符号和文字符号。

(3)电气原理图中,同一电气元件不按它们的实际位置画在一起,而是按其在电路中所起作用分别画在不同的电路中,但它们的动作却是相互关联的,必须标以相同的文字符号。若图中相同的电器较多,需要在电器文字符号后面加上数字以示区别,如 KM_1、KM_2 等。

(4)电气原理图中,有直接电联系的交叉导线连接点要用小黑圆点表示,无直接电联系的交叉导线连接点则不画小黑圆点。

2. 电气原理图的识读方法

(1)主电路的识读步骤。第一步,看主电路中有哪些消耗电能的电器或电气设备,如电动机、电热器等;第二步,搞清楚用什么电气元件控制用电器,如开关、接触器、继电器等;第三步,看主电路上还接有哪些保护电器,如熔断器、热继电器等;第四步,看电源,了解电源的电压等级。

(2)控制电路的识读步骤。第一步,看电源,首先看清电源的种类,其次看清控制电路的电源从何处来;第二步,搞清控制电路如何控制主电路,控制电路的每一支路形成闭合则会控制主电路的电气元件动作,使主电路用电器接入或切除电源(寻找怎样使回路形成闭合是十分关键的);第三步,寻找电气元件之间的相互联系;第四步,看其他电气元件构成的电路,如整流、照明等。

(二)电气接线图

电气接线图是一种用来表明电气设备各元件相对位置及接线方法的工程图样。它主要用于安装接线、电路检查和故障维修,特别在施工和检修中能够起到电气原理图所起不到的作用。

电气接线图的绘制原则如下:

(1)接线图通常需要与原理图、位置图一起使用,相互参照。

(2)应正确表示电气元件的相互连接关系及接线要求。

(3)控制电路的外部连接应使用接线端子排。

(4)应给出连接外部电气装置所用的导线、保护管和屏蔽方法,并注明所用导线及保护管的型号、规格及尺寸。

(5)图中文字代号及接线端子编号应与原理图相一致。

(三)电气控制电路安装接线的一般步骤与基本要求

(1)认真分析电气原理图,要求明确电气控制电路的控制要求、工作原理、操作方法、结构特点及所用电气元件的规格。

(2)绘制电器位置图和接线图,要求符合电气制图的基本原则。

(3)按照要求选择电气元件,并按电气元件的安装要求安装。

(4)按照接线图和原理图连接导线,先进行主电路的连接,后进行控制电路的连接。

(5)调整电气元件的某些参数(如热继电器的整定电流、时间继电器的延时时间)。

(6)认真检查电路。

(7)经指导老师同意后通电试验。

(8)若出现故障,必须断电检修,检查后再通电,直到试车成功。

(9)操作启动、停止按钮,观察电动机的运行情况。

(四)电气安装的主要工艺要求

1. 电气元件的安装

(1)各元件的安装位置应整齐、匀称,间距合理,以便于更换。

(2)紧固各元件时,应用力均匀、紧固程度适当。

2. 导线的连接

(1)直线通道应尽可能少,按主电路、控制电路分类集中,单层平行密集,紧贴敷设面。

(2)同一平面的导线应高低一致或前后一致,不能交叉。

(3)布线应横平竖直,导线弯折转角要成90°。

(4)导线与接线端子连接时,要求接触良好,应不压绝缘层、不反圈及不露铜过长。

(5)一个电气元件接线端子上的连接导线不得超过两根,每节接线端子板上的连接导线一般只允许有一根。

(6)布线时,严禁损伤芯线和导线绝缘。

(7)如果电路简单,则可不套编码管。

(五)电气控制电路故障的检修步骤和方法

1. 修理前的调查研究

(1)问:询问机床操作人员故障发生前后的情况,有利于根据电气设备的工作原理来判断发生故障的部位,分析故障的原因。

(2)看:观察熔断器内的熔体是否熔断,其他电气元件有无烧毁、发热、断线,导线连接螺钉是否松动,触点是否氧化、积尘等。要特别注意高电压大电流的地方、活动机会多的部位、容易受潮的接插件等。

(3)听:电动机、变压器、接触器等正常运行的声音和发生故障时的声音有区别。听声音是否正常,可以帮助寻找故障的范围和具体部位。

(4)摸:电动机、电磁线圈、变压器等发生故障时,温度会显著上升,可切断电源后用手去触摸,从而判断元件是否正常。

(5)闻:电动机严重发热或过载时间较长会引起绝缘受损而散发特殊气味,轴承发热严重时也可挥发出油脂气味。闻到特殊气味时,便可确认电动机有故障。

2. 对电气原理图进行分析

首先熟悉电气控制电路,再根据故障现象结合电路工作原理进行分析,判断出故障发生的范围。

3. 故障判别的具体方法

1)电阻检查法

电阻检查法是利用万用表的电阻挡,对线路进行断电测量,是一种安全、有效的方法。电阻检查法有电阻分阶测量法和电阻分段测量法。

a. 电阻分阶测量法

测量检查时,首先把万用表的转换开关置于倍率适当的电阻挡,然后按图6-1所示的方法测量。

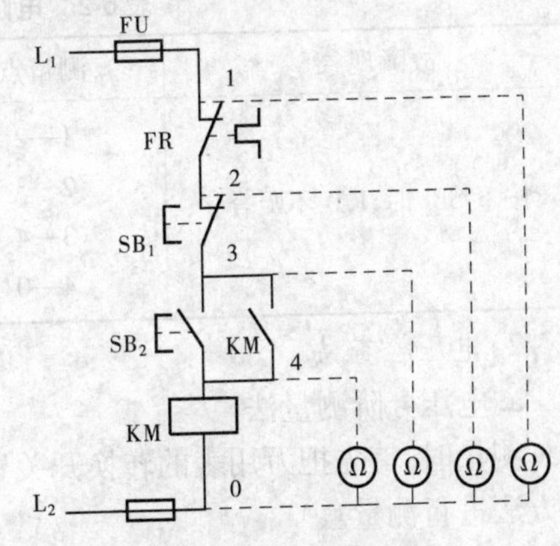

图6-1 电阻分阶测量法

测量前，先断开主电路电源，接通控制电路电源。若按下启动按钮 SB_2，接触器 KM 不吸合，则说明控制电路有故障。

检测时，应切断控制电路电源，然后在按下 SB_2 不放的同时，用万用表依次测量 0—1、0—2、0—3、0—4 间电阻值，根据测量结果可找出故障点，如表 6-1 所示。

表 6-1 电阻分阶测量法查找故障点

故障现象	测试状态	0—1	0—2	0—3	0—4	故障点
按下 SB_2 时，KM 不吸合	按下 SB_2	∞	R	R	R	FR 常闭触头接触不良
		∞	∞	R	R	SB_1 常闭触头接触不良
		∞	∞	∞	R	SB_2 常开触头接触不良
		∞	∞	∞	∞	KM 线圈断路

b. 电阻分段测量法

按图 6-2 测量时，首先切断电源，然后按下 SB_2 不放，同时把万用表的转换开关置于倍率适当的电阻挡，用万用表的红、黑两根表笔逐段测量相邻两点 1—2、2—3、3—4、4—0 之间的电阻，如果测得某两点间电阻值很大（∞），则说明该两点间接触不良或导线断，如表 6-2 所示。

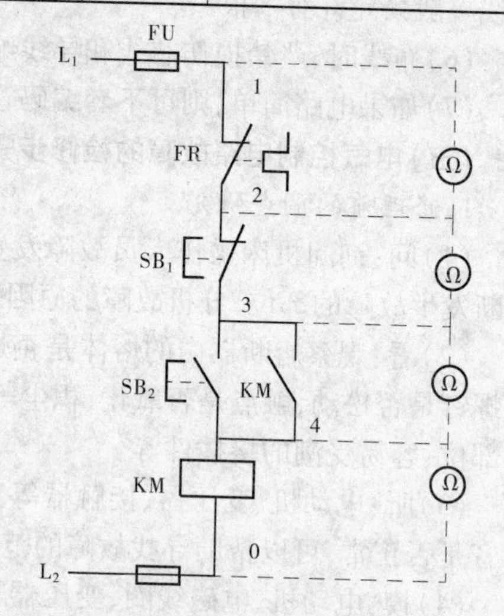

图 6-2 电阻分段测量法

电阻分段测量法的优点是安全，缺点是测量电阻值不准确时，容易造成判断错误，为此应注意以下几点：

（1）用电阻分段测量法检查故障时，一定要先切断电源；

（2）所测量电路若与其他电路并联，必须断开并联电路，否则所测电阻值不准确；

（3）测量高电阻电气元件时，要将万用表的电阻挡转换到适当挡位。

表 6-2 电阻分段测量法查找故障点

故障现象	测量点	电阻值	故障点
按下 SB_2 时，KM 不吸合	1—2	∞	FR 常闭触头接触不良
	2—3	∞	SB_1 常闭触头接触不良
	3—4	∞	SB_2 常开触头接触不良
	4—0	∞	KM 线圈断路

2）电压检查法

a. 电压分阶测量法

测量时，首先把万用表的转换开关置于交流电压 500 V 的挡位上，然后按图 6-3 所示的方法进行测量。

断开主电路，接通控制电路的电源。若按下启动按钮 SB_2，接触器 KM 不吸合，则说明控制电路有故障。检测时，需要两人配合进行。一人先用万用表测量 0 和 1 两点之间

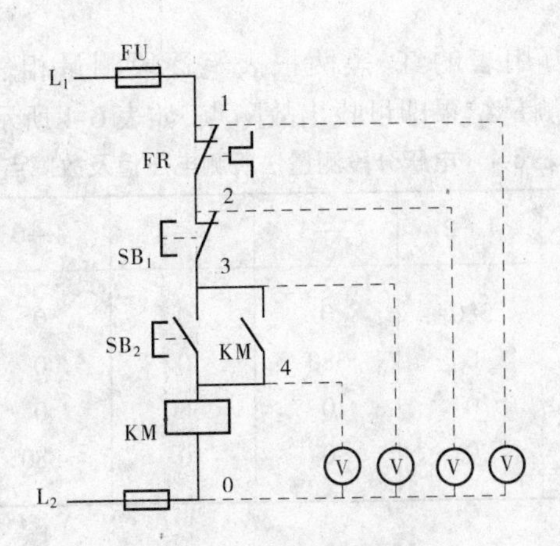

图 6-3　电压分阶测量法

的电压。若电压为 380 V,则说明控制电路的电源电压正常。然后由另一人按下 SB_2 不放,用黑表笔接到 0 点上,用红表笔依次接到 2、3、4 点上,分别测量出两点间的电压,根据测量结果即可找出故障点,如表 6-3 所示。

表 6-3　电压分阶测量法所测电压值及故障点　(单位:V)

故障现象	测试状态	0—2	0—3	0—4	故障点
按下 SB_2 时,KM 不吸合	按下 SB_2	0	0	0	FR 常闭触头接触不良
		380	0	0	SB_1 常闭触头接触不良
		380	380	0	SB_2 常开触头接触不良
		380	380	380	KM 线圈断路

b. 电压分段测量法

测量时,把万用表的转换开关置于交流电压 500 V 的挡位上,按图 6-4 所示的方法进行测量。首先用万用表测量 0 和 1 两点之间的电压,若电压为 380 V,则说明控制电路的电源电压正常。然后,一人按下启动按钮 SB_2,若接触器 KM 不吸合,则说明控制电路有

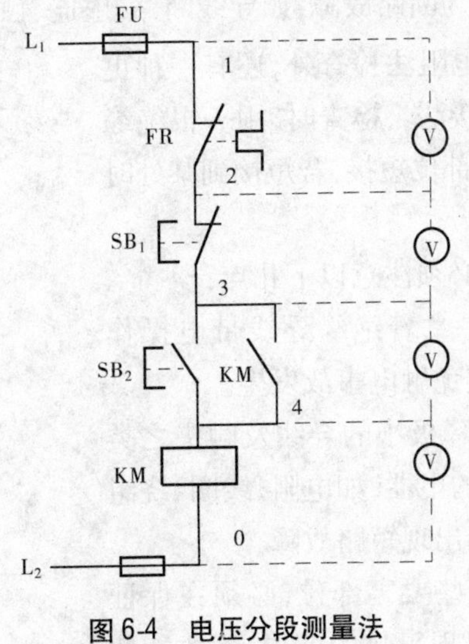

图 6-4　电压分段测量法

故障。这时另一人可用万用表的红、黑两根表笔逐段测量相邻两点1—2、2—3、3—4、4—0之间的电压，根据其测量结果即可找出故障点，如表6-4所示。

表6-4　电压分段测量法所测电压值及故障点

（单位：V）

故障现象	测试状态	1—2	2—3	3—4	4—0	故障点
按下SB_2时，KM不吸合	按下SB_2	380	0	0	0	FR常闭触头接触不良
		0	380	0	0	SB_1常闭触头接触不良
		0	0	380	0	SB_2常开触头接触不良
		0	0	0	380	KM线圈断路

3）校验灯法

用校验灯检查的故障电路有两种，一种是380 V的控制电路，另一种是经过变压器降压的控制电路。对于不同的控制电路，所使用的校验灯应有所区别，具体判别方法如下：

（1）对于380 V的控制电路，首先将校验灯的一端接在低电位处，再用另一端分别碰触需要判断的各点。如果灯亮，则说明电路正常；如果灯不亮，则说明电路有故障。对于380 V的控制电路，应选用220 V的灯泡，低电位端应接在零线上。

（2）对于经过变压器降压的控制电路，应选用高于电路电压的灯泡，校验灯应一端接在被测点的对应电源端，再用另一端分别碰触需要判断的各点，根据灯泡发亮状况来判断故障点。

4）验电笔法

用验电笔检查电路故障的优点是安全、灵活、方便，缺点是受电压限制，并与具体电路结构有关（如变压器输出端是否接地等）。因此，测试结果不是很准确。另外，有时电气元件触头烧断，但是因有爬弧，用验电笔测试时仍然发光，而且亮度还很高，这样就会造成判断错误。

5）短接法

机床电气设备常见故障为断路故障，如导线断路、虚连、触头接触不良、熔断器熔断等。对这类故障，除用电压法和电阻法检查外，还有一种更为简便可靠的方法，就是短接法。检查时，用一根绝缘良好的导线将所怀疑的断路部位短接，若短接到某处时电路接通，则说明该处断路。

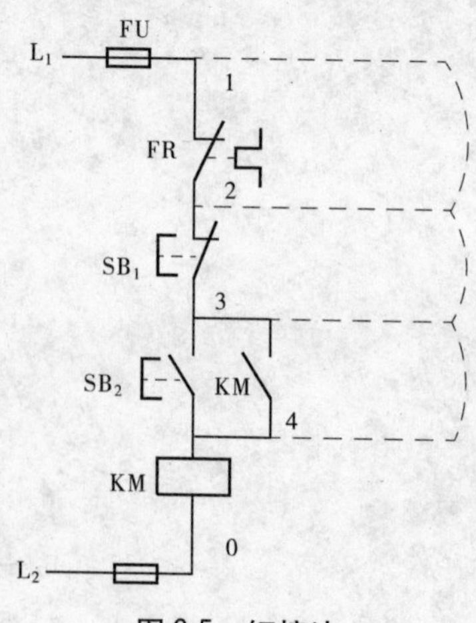

图6-5　短接法

用短接法检查故障时，必须注意以下几点：

（1）由于检查时是用手拿着绝缘导线带电操作的，所以一定要注意安全，避免触电事故发生。

（2）短接法只适用于压降极小的导线及触头之类的断路故障，对于压降较大的电器，如电阻、线圈、绕组等，不能采用短接法，否则会出现短路故障。

（3）对于工业机械的某些要害部位，必须在保证电气设备或机械设备不会出现事故的前提下，才能使用短接法。

短接法检查前,先用万用表测量如图 6-5 所示1—0两点的电压,若电压正常,可一人按下启动按钮 SB_2 不放,另一人用一根绝缘良好的导线,分别短接相邻的两点 1—2、2—3、3—4(注意不要短接 4—0,否则造成短路),当短接某两点时,接触器 KM 吸合,则说明断路故障就在该两点之间,如表 6-5 所示。

表 6-5　短接法查找故障点

故障现象	短接点标号	KM 动作	故障点
按下 SB_2 时,KM 不吸合	1—2 2—3 3—4	KM 吸合 KM 吸合 KM 吸合	FR 常闭触头接触不良 SB_1 常闭触头接触不良 SB_2 常开触头接触不良

(六)电气控制实训安全操作规程

为确保实训时的人身安全和设备安全,实训人员必须严格遵守下列安全操作规程:

(1)实训装置应具有可靠的保护接地、漏电保护、过载保护、绝缘桌面、地毯和安全接线。

(2)实训时,人员不可接触裸露带电体。

(3)按接线图接线与拆线时,必须在切断电源的情况下进行。接线的方法是先串后并,先串联成一条主回路,然后再将并联的部件一个一个并联上去。为查找方便,每路最好采用相同颜色的导线。接线完成,必须由另一个成员检查无误后,方能合闸进行实训。

(4)合闸时,必须使实训小组全体成员都明确,并且同意。

(5)遇到异常情况,如闻到异味(如清漆的焦味),发现机组过热或振动过大(或运转噪声过大)、熔丝烧坏、实训装置(台)的某个单元(模块)中出现火花,看到电能表超过满量程(或反偏)等,都应该立即切断电源,查找原因并排除故障。

(6)直流电动机直接启动时,必须保证通上励磁电源,倘若没有接通励磁电源而直接接通电枢电源,很容易造成飞车事故。其次,要在电枢回路中串联(启动)可变电阻器,并把变阻器滑点置于电阻值最大处,否则会造成电枢电路电流过大(近似短路),烧坏电动机。

(7)在机组通电前,要检查电动机能否灵活转动(检验转子是否卡住)。若不能灵活转动,应重新进行调整,直到转子能灵活转动。

(8)实验室的总电源应由实训指导员来控制,其他人员在指导员允许后方能操作,不得自行合闸,贸然合闸可能会产生重大事故。

(9)使用电阻器时要注意,电阻器不能置于零(或很小阻值的位置),否则很可能把电阻器烧坏。实训时,先调节高值电阻,然后调节低值电阻。

四、实训考核

实训考核成绩评分标准见表 6-6。

表 6-6 实训考核成绩评分标准

序号	考核内容	考核要求	评分标准	配分	扣分	得分
1	识图	正确识读电路图	(1)错误解释和表述文字、符号的意义,每个扣2分; (2)错误说明设备在电路中的作用,每个扣5分	10		
2	识别设备、材料	正确识别所需设备、材料	(1)设备、材料型号识错,每个扣2分; (2)设备、材料规格识错,每个扣5分	10		
3	选用仪器、仪表	正确选用所需仪器、仪表检测元器件及电路	(1)错误选择仪器、仪表的规格与型号,每项扣2分; (2)使用方法不正确扣2分; (3)试运行记录错误,每项扣2分	10		
4	选用工具、器具	正确选用所需电工工具、器具	(1)错误选择工具、器具类别和规格扣2分; (2)使用方法不正确扣2分	10		
5	安全与文明生产	操作过程符合电工作业安全规范和文明生产要求	(1)违反规程,每项扣2分; (2)操作现场工具、器具和仪表、材料摆放不整齐扣2分; (3)不听指挥致使发生严重设备和人身事故的,取消考试资格	10		
6	导线剥削	导线剥削工艺正确	(1)芯线露出长度不正确扣2分; (2)损坏芯线扣5分	10		
7	接线操作	接线正确、符合工艺要求	(1)接线、布线不规范每处扣1分; (2)接线错误,每处扣5分; (3)接触不良,每处扣2分; (4)接线不完整,每空一端子扣5分; (5)接线时间超过5 min扣2分	20		
8	检查运行	正确检查线路,试运行一次成功	(1)检查线路,每漏一项扣2分; (2)一次送电不成功扣3分	20		
备注			合计	100		
			教师签字	年	月	日

实训项目一　三相异步电动机点动控制电路的安装接线

一、实训所需电气元件

三相异步电动机点动控制电路所需电气元件如表 6-7 所示。

表 6-7 实训所需电气元件

代号	名称	型号	数量	备注
QS	空气开关	DZ47－63－4P	1 个	
FU_1	熔断器	RT18－32	3 个	装熔芯 3 A
FU_2	直插式熔断器	RT14－20	1 个	装熔芯 2 A
KM	交流接触器	CJX2－0901	1 个	线圈 AC 220 V
TC	控制变压器	JBK3－100VA(380/220/12 V)	1 台	
SB	按钮	NP2－EA25	1 个	点动按钮用黑色
M	三相异步电动机	实训专用	1 台	380 V/△

二、电气原理

点动控制电路中，由于电动机的启动停止是通过按下或松开按钮来实现的，所以电路中不需要停止按钮；由于电动机的运行时间较短，所以电路中无需过热保护装置。

点动控制电路如图 6-6 所示。当合上电源开关 QS 时，电动机是不会启动运转的，因为这时接触器 KM 线圈未能得电，它的触头处在断开状态，电动机 M 的定子绕组上没有电压。若要使电动机 M 转动，只要按下按钮 SB 使接触器 KM 通电，KM 在主电路中的主触头闭合，电动机即可启动，但当松开按钮 SB 时，KM 线圈失电，其主触头分开，从而切断电动机 M 的电源，电动机即停止转动。

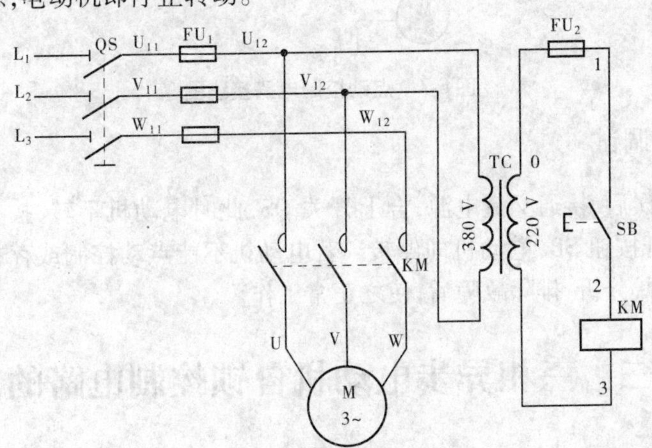

图 6-6 点动控制电路原理图

在电路中，我们用一个控制变压器来提供控制回路的电源，控制变压器的主要作用是将主电路较高的电压转变为控制回路较低的工作电压，实现电气隔离。需要注意的是：变压器的副边要加一个熔断器，否则副边控制回路的短路会将变压器烧毁。

三、安装接线

按照图 6-7 选择熔断器 FU、空气开关 QS、接触器 KM、按钮 SB 后开始接线，动力电路的接线用黑色，控制电路的接线用红色，接线工艺应符合要求。

在通电试车前，应仔细检查各接线端连接是否正确、可靠，并用万用表检查控制回路是否短路或开路,主电路有无开路或短路。

注意:当线路都接好后,测 U_{12}、V_{12}两相的电阻时,电阻很小(约为 20 Ω)但不等于 0 Ω,这并不表示短路,这个阻值是变压器输入绕组两端的阻值,可以在接变压器之前进行测量或者将万用表设置在阻值较小的挡,同理在检测控制电路时也是这样。

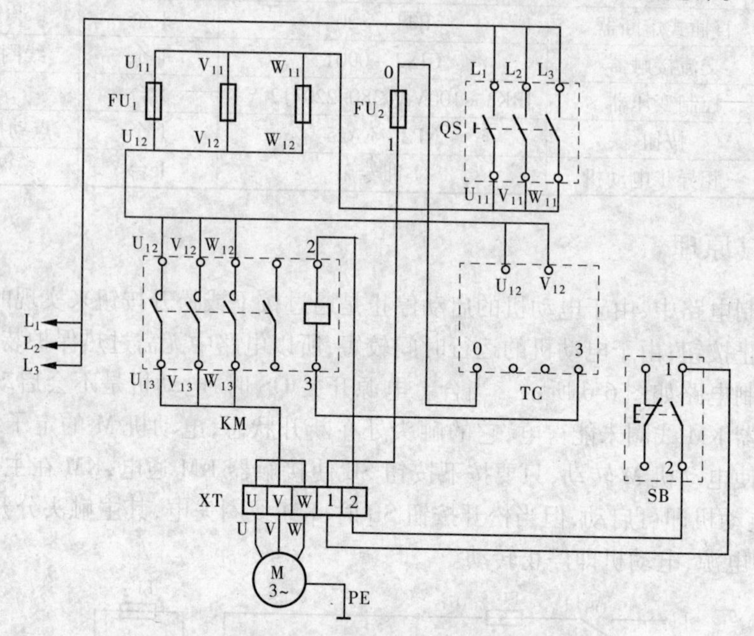

图 6-7 点动控制电路接线图

四、检测与调试

检查接线无误后,接通交流电源,合上开关 QS,此时电动机不转,按下按钮 SB,电动机即可启动,松开按钮 SB,电动机即停转。若电动机不能点动控制或存在熔丝熔断等故障,则应切断电源,分析、排除故障后,使之正常工作。

实训项目二　三相异步电动机自锁控制电路的安装接线

一、实训所需电气元件

三相异步电动机自锁控制电路所需电气元件如表 6-8 所示。

二、电气原理

在点动控制电路中,要使电动机转动,就必须按住按钮 SB 不放(见图 6-6),而在实际生产中,有些电动机需要长时间连续地运行,使用点动控制是不现实的,这就需要一种具有接触器自锁的控制电路。

相对于点动控制的自锁触头必须是常开触头,且与启动按钮并联。因电动机是连续工作的,必须加装热继电器以实现过载保护。具有过载保护的自锁控制电路的电气原理图如图 6-8 所示，它与点动控制电路的不同之处在于，控制电路中增加了一个停止按钮 SB_2，在启动按钮 SB_1 的两端并联了一对接触器的常开触头，增加了过载保护装置（热继电器 FR）。

表 6-8 三相异步电动机自锁控制电路所需电气元件

代号	名称	型号	数量	备注
QS	空气开关	DZ47－63－4P	1 个	
FU_1	熔断器	RT18－32	3 个	装熔芯 3 A
FU_2	直插式熔断器	RT14－20	1 个	装熔芯 2 A
KM	交流接触器	CJX2－0901	1 个	线圈 AC 220 V
FR	热继电器	NR2－11.5(0.63～1 A)	1 个	
	热继电器座	NR2－11.5	1 个	
TC	控制变压器	JBK3－100VA(380/220/12 V)	1 台	
SB_1	按钮	NP2－EA35	1 个	绿色
SB_2	按钮	NP2－EA45	1 个	红色
M	三相异步电动机	实训专用	1 台	380 V/△

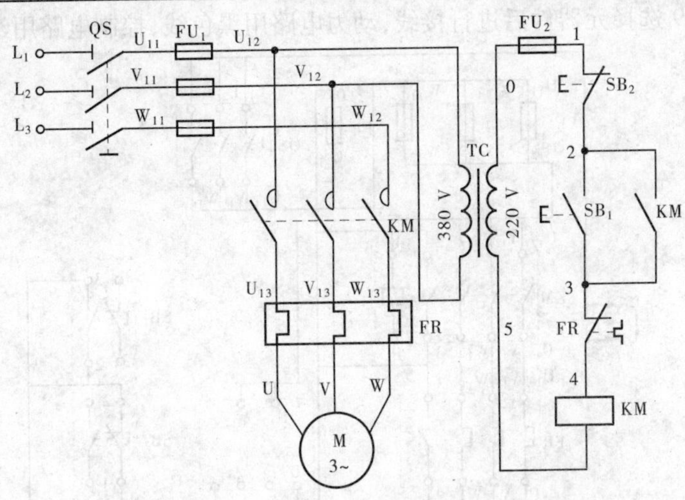

图 6-8 自锁控制电路原理图

电路的工作过程：当按下启动按钮 SB_1 时，接触器 KM 线圈通电，主触头闭合，电动机 M 启动旋转，当松开按钮 SB_1 时，电动机不会停转，因为这时接触器 KM 线圈可以通过辅助触头继续维持通电，保证主触头 KM 仍处在接通状态，电动机 M 就不会失电停转。这种松开按钮仍然自行保持线圈通电的控制电路称为具有自锁（或自保）的接触器控制电路，简称自锁控制电路。与 SB_1 并联的接触器常开触头称为自锁触头。

（一）欠电压保护

欠电压是指电路电压低于电动机应加的额定电压。在这种情况下，电动机转矩会降低，转速随之下降，会影响电动机的正常运行，欠电压严重时会损坏电动机，发生事故。在具有自锁的接触器控制电路中，当电动机运转时，电源电压降低到一定值（一般低到 85%

额定电压以下)时,由于接触器线圈磁通减弱,电磁吸力克服不了反作用弹簧的压力,从而使接触器主触头分开,自动切断主电路,电动机停转,起到欠电压保护的作用。

(二)失电压保护

当生产设备运行时,由于其他设备发生故障,瞬时断电,从而使生产机械停转,当故障排除后,恢复供电时,电动机的重新启动很可能引起设备与人身事故的发生。采用具有自锁的接触器控制电路时,即使电源恢复供电,由于自锁触头仍然保持断开,接触器线圈不会通电,所以电动机不会自行启动,从而避免了可能出现的事故。这种保护称为失电压保护或零电压保护。

(三)过载保护

具有自锁的控制电路虽然有短路保护、欠电压保护和失电压保护的作用,但实际使用中还不够完善。因为电动机在运行过程中,长期负载过大或操作频繁,或三相电路断掉一相运行等,都可能使电动机的电流超过它的额定值,有时熔断器在这种情况下尚不会熔断,这将会引起电动机绕组过热,损坏电动机绝缘。因此,应对电动机设置过载保护,通常由三相热继电器来完成过载保护。

三、安装接线

按照图 6-9 选择元器件后进行接线,动力电路用黑色线,控制电路用红色线。

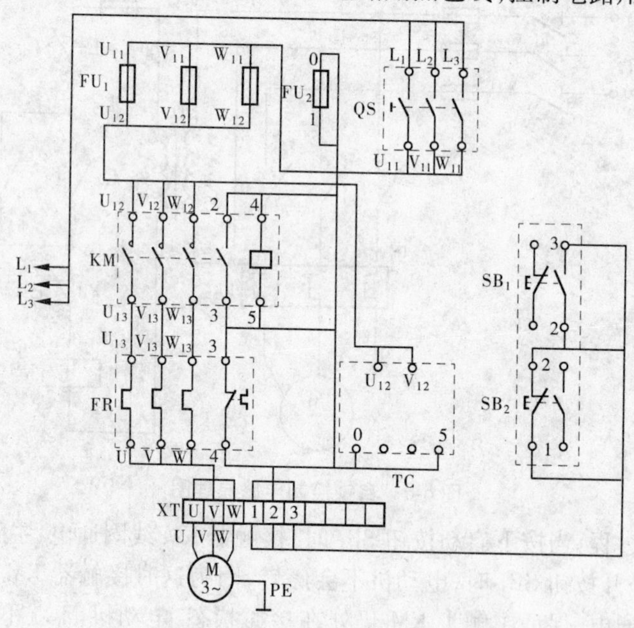

图 6-9 自锁控制电路接线图

四、检测与调试

检查接线无误后,接通交流电源,合上开关 QS,按下 SB_1,电动机应启动并连续转动,按下 SB_2 电动机应停转。若按下 SB_1,电动机启动运转后,电源电压降到 320 V 以下或电源断电,则接触器 KM 的主触头会断开,电动机停转。再次恢复电压为 380 V(允许

±10% 的波动)，电动机应不会自行启动——具有欠电压或失电压保护。

如果电动机转轴卡住而接通交流电源，则在几秒内热继电器应断开加在电动机上的交流电源(注意不能超过 10 s，否则电动机过热会冒烟，导致电动机损坏)。

实训项目三　接触器联锁的三相异步电动机正反转控制线路

一、实训所需电气元件

接触器联锁的三相异步电动机正反转控制线路所需电气元件如表 6-9 所示。

表 6-9　接触器联锁的三相异步电动机正反转控制线路所需电气元件

代号	名称	型号	数量	备注
QS	空气开关	DZ47-63-4P	1 个	
FU_1	熔断器	RT18-32	3 个	装熔芯 3 A
FU_2	直插式熔断器	RT14-20	1 个	装熔芯 2 A
KM_1、KM_2	交流接触器	CJX2-0901	2 个	线圈 AC 220 V
FR	热继电器	NR2-11.5(0.63~1 A)	1 个	
	热继电器座	NR2-11.5	1 个	
TC	控制变压器	JBK3-100VA(380/220/12 V)	1 台	
SB_1	按钮	NP2-EA45	1 个	红色
SB_2、SB_3	按钮	NP2-EA35	2 个	绿色
M	三相异步电动机	实训专用	1 台	380 V/△

二、电气原理

控制线路(见图 6-10)的动作过程如下。

(一)正转控制

合上电源开关 QS，按下正转启动按钮 SB_2，正转控制回路接通，KM_1 的线圈通电动作，其常开触头闭合自锁，常闭触头断开对 KM_2 的联锁，同时主触头闭合，主电路按 U_1、V_1、W_1 相序接通，电动机正转。

(二)反转控制

要使电动机改变转向(即由正转变为反转)，应先按下停止按钮 SB_1，使正转控制电路断开，电动机停转，然后才能使电动机反转。为什么要这样操作呢？因为反转控制回路中串联了正转接触器 KM_1 的常闭触头，当 KM_1 通电工作时，它是断开的，若这时直接按下反转按钮 SB_3，反转接触器 KM_2 是无法通电的，电动机也就得不到电源，故电动机仍然处于正转状态，不会反转。电动机停转后按下 SB_3，反转接触器 KM_2 通电动作，主触头闭合，主电路按 W_1、V_1、U_1 相序接通，电动机的电源相序改变了，故电动机作反向旋转。

三、安装接线

正反转控制电路的接线较为复杂，特别是当按钮使用较多时。在电路中，两处主触头

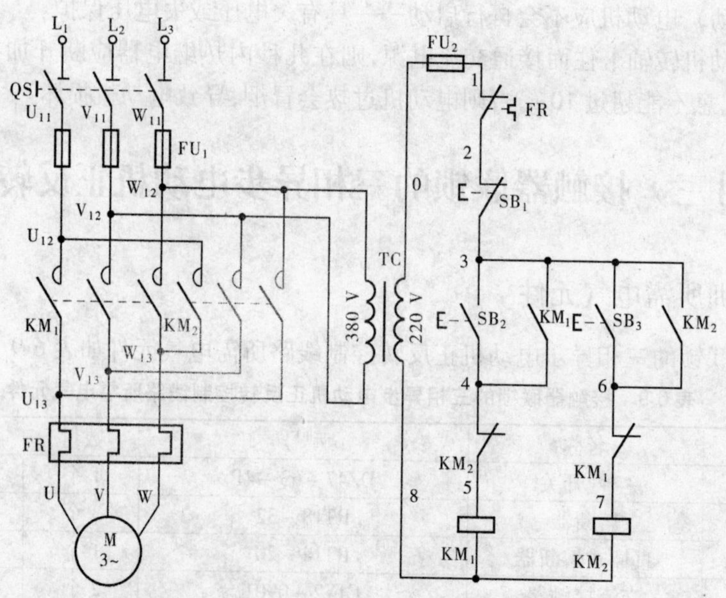

图 6-10　正反转控制线路原理图(接触器联锁)

的接线必须保证相序相反;联锁触头必须保证常闭互串;按钮接线必须正确、可靠、合理。正反转控制线路接线图(接触器联锁)如图 6-11 所示。

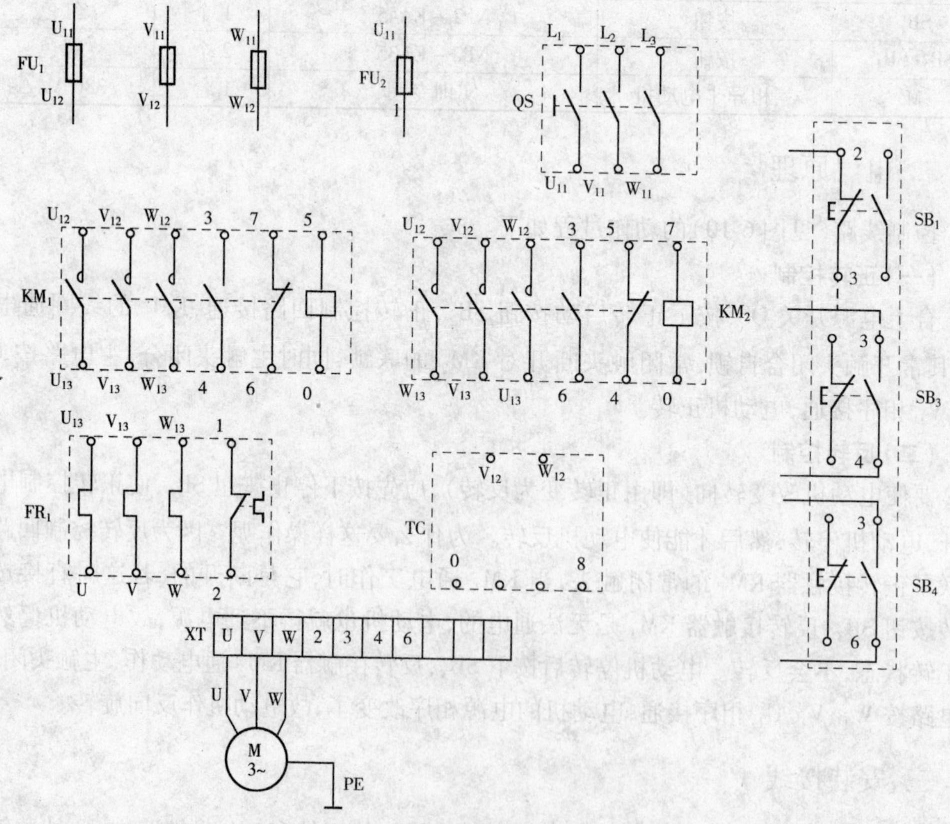

图 6-11　正反转控制线路接线图(接触器联锁)

四、检查与调试

仔细确认接线正确后，可接通交流电源，合上开关 QS，按下 SB_2，电动机应正转（电动机右侧的轴伸端为顺时针转，若不符合转向要求，可停机，换接电动机定子绕组任意两个接线即可）。按下 SB_3，电动机仍应正转。如要电动机反转，应先按下 SB_1，使电动机停转，然后再按下 SB_3，则电动机反转。若不能正常工作，则应分析并排除故障，使线路能正常工作。

实训项目四　双重联锁的三相异步电动机正反转控制线路

一、实训所需电气元件

双重联锁的三相异步电动机正反转控制线路所需电气元件如表 6-9 所示。

二、电气原理

双重联锁的三相异步电动机正反转控制线路如图 6-12 所示。

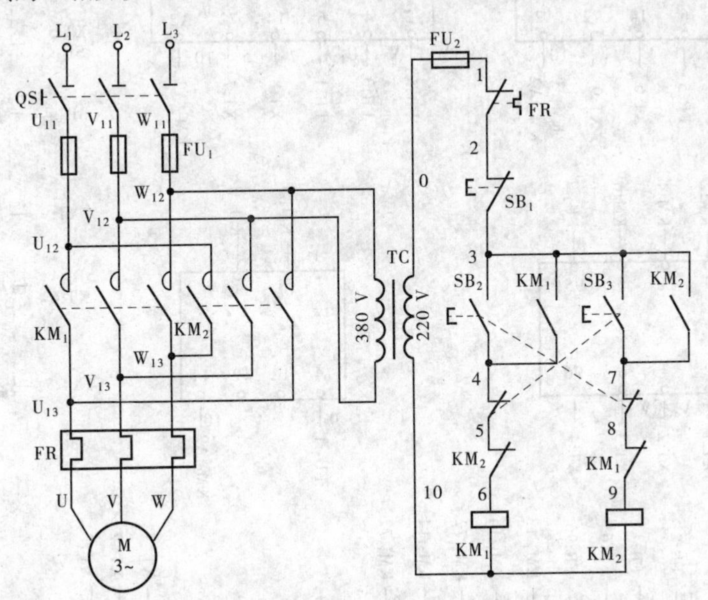

图 6-12　双重联锁的三相异步电动机正反转控制线路

该控制线路集中了按钮联锁和接触器联锁的优点，故具有操作方便和安全可靠等优点，为电力拖动设备中所常用。

三、安装接线

图 6-13 是按国家标准用中断线表示的单元接线图，图中各电气元件的端子号及中断线所画的接线图虽然比用连续线画的接线图复杂，但接线很直观（每个端子应接一根还

是两根线，每根线应接在哪个器件的哪个端子上都很清楚），查线也简单（从上到下、从左到右，用万用表分别检查端子①及端子②，直至全部端子都查一遍）。因此，操作者不仅要熟悉而且要学会看这种接线图。

安装与接线后，应符合要求。

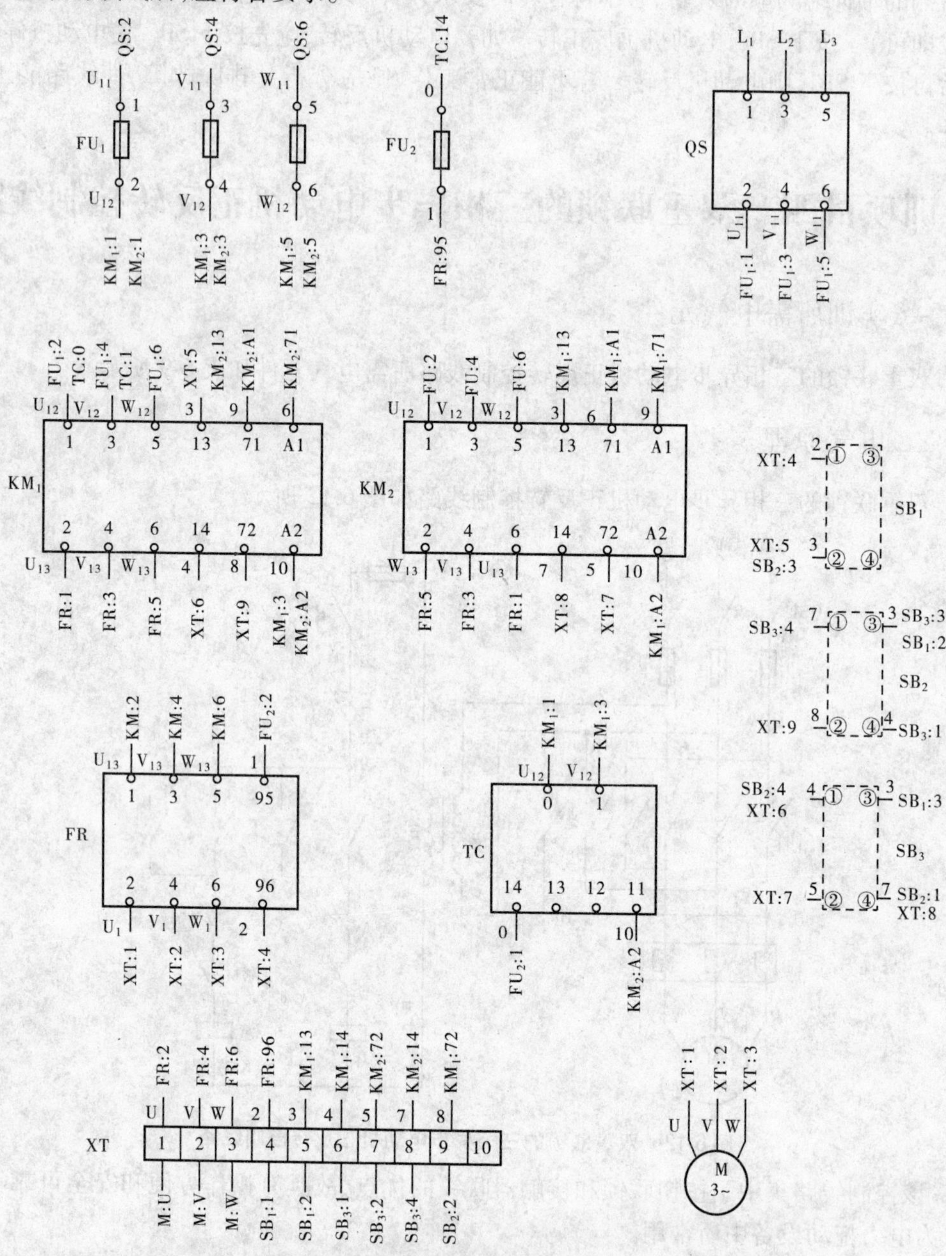

图 6-13　双重联锁的三相异步电动机正反转控制线路接线图

四、检测与调试

确认接线正确后，接通交流电源，按下 SB_2，电动机应正转；按下 SB_3，电动机应反转；

按下 SB_1,电动机应停转。若不能正常工作,则应分析并排除故障。

实训项目五　三相异步电动机星形/三角形启动控制线路

一、实训所需电气元件明细表

三相异步电动机星形/三角形启动控制线路所需电气元件如表 6-10 所示。

表 6-10　三相异步电动机星形/三角形启动控制线路所需电气元件

代号	名称	型号	数量	备注
QS	空气开关	DZ47-63-4P	1 个	
FU_1	熔断器	RT18-32	3 个	装熔芯 3 A
FU_2	直插式熔断器	RT14-20	1 个	装熔芯 2 A
KM、KM_Y、$KM_\triangle$	交流接触器	CJX2-0901	2 个	线圈 AC 220 V
FR	热继电器	NR2-11.5(0.63~1 A)	1 个	
	热继电器座	NR2-11.5	1 个	
KT	时间继电器	JSZ3-A-B(0~60 s)/220 V	1 个	
	时间继电器方座	PF-083A	1 个	
TC	控制变压器	BK-150VA(380/220/12/6.3 V)	1 台	
SB_1	按钮	NP2-EA35	1 个	绿色
SB_2	按钮	NP2-EA45	1 个	红色
M	三相异步电动机	实训专用	1 台	380 V/△

二、电气原理

星形/三角形启动控制线路电气原理图如图 6-14 所示。星形/三角形启动是指:为减小电动机启动时的电流,将正常工作接法为三角形的电动机在启动时改为星形接法。此时,启动电流降为原来的 1/3,启动转矩也降为原来的 1/3。线路的动作过程如下:

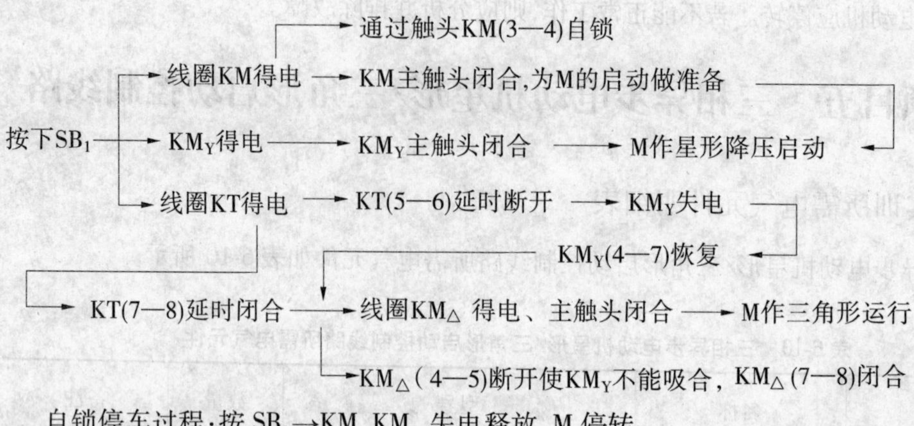

自锁停车过程:按 SB_1→KM、$KM_\triangle$失电释放,M 停转。

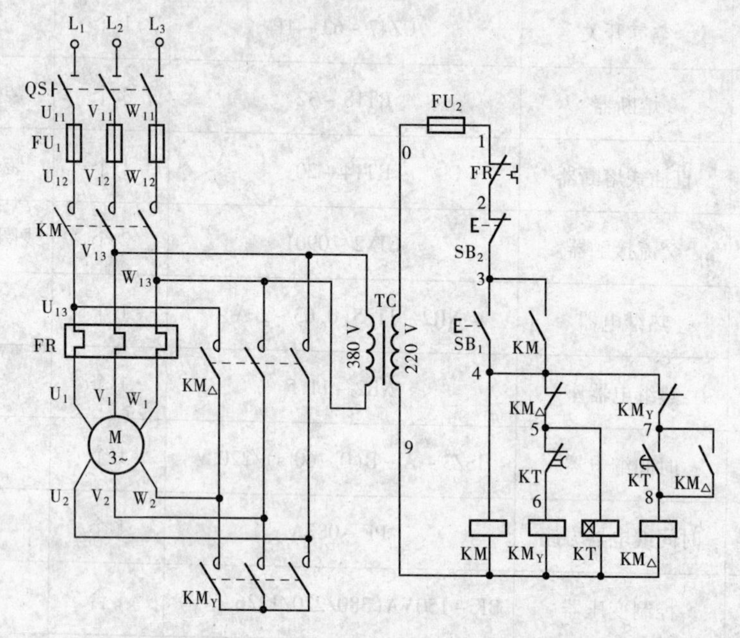

图 6-14 星形/三角形启动控制线路原理图

三、安装接线

接线图见图 6-15(a)和图 6-15(b),其中图 6-15(a)仅画出接线号(没有画出连接线)。图 6-15(b)是按国家标准用中断线表示的单元接线图,可以任选一种进行接线。

四、检测与调试

确认接线正确后方可接通交流电源,合上开关 QS,按下 SB_1,控制线路的动作过程应按电气原理所述。若操作过程中发现有不正常现象,应断开电源,分析并排除故障后重新操作。

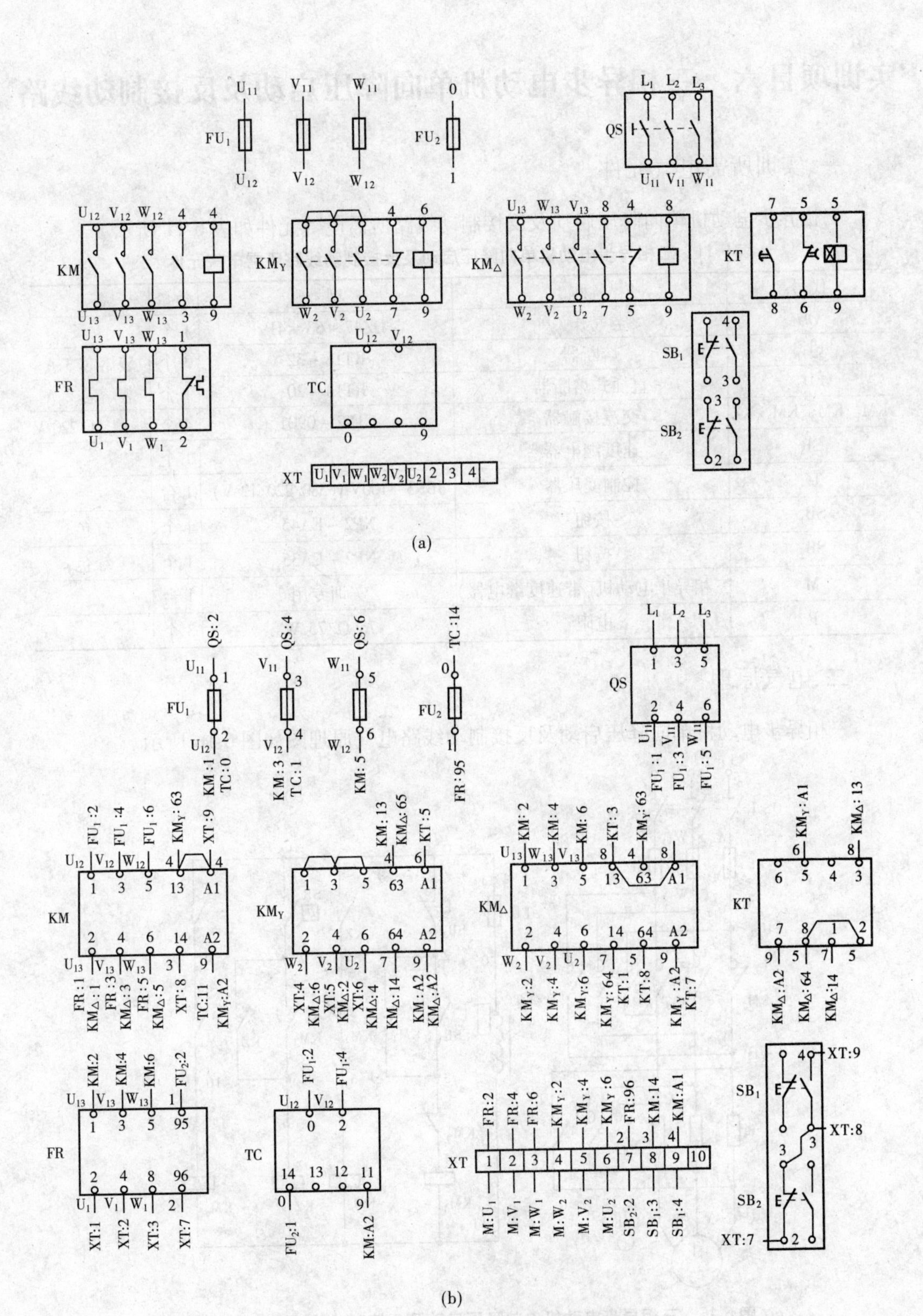

图6-15 星形/三角形启动控制线路接线图

实训项目六　三相异步电动机单向降压启动及反接制动线路

一、实训所需电气元件

三相异步电动机单向降压启动及反接制动线路所需电气元件如表 6-11 所示。

表 6-11　三相异步电动机单向降压启动及反接制动线路所需电气元件

代号	名称	型号	数量	备注
QS	空气开关	DZ47－63－4P	1 个	
FU_1	熔断器	RT18－32	3 个	装熔芯 3 A
FU_2	直插式熔断器	RT14－20	1 个	装熔芯 2 A
KM_1、KM_2、KM_3、KZ	交流接触器	CJX2－0901	4 个	线圈 AC 220 V
SR	速度继电器		1 个	
TC	控制变压器	JBK3－100VA(380/220/12 V)	1 台	
SB_1	按钮	NP2－EA45	1 个	红色
SB_2	按钮	NP2－EA35	1 个	绿色
M	三相异步电动机(带速度继电器)	实训专用	1 台	
R	电阻	75 Ω/75 W	3 个	

二、电气原理

三相异步电动机单向降压启动及反接制动线路电气原理图如图 6-16 所示。

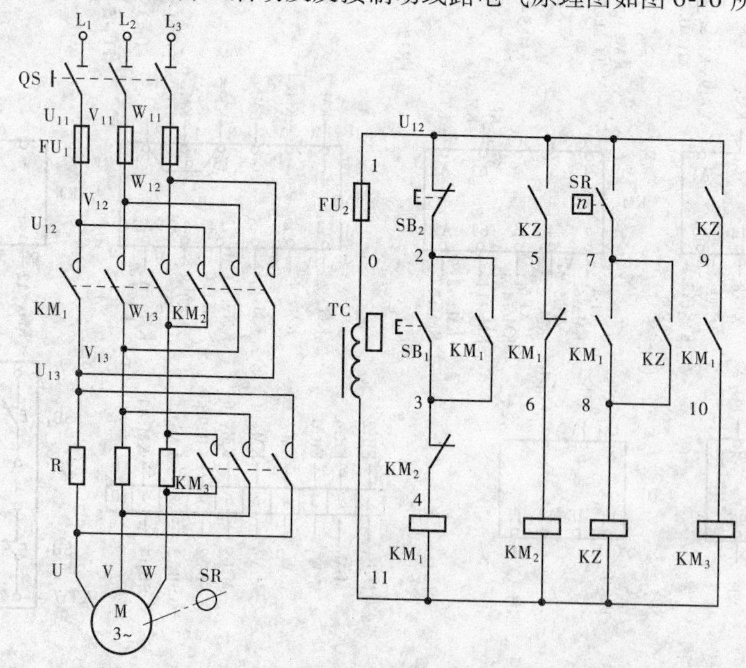

图 6-16　三相异步电动机单向降压启动及反接制动线路电气原理图

图 6-16 中 KM_1 为正转运行接触器，KM_2 为反接制动接触器，用点画线将电动机 M 和速度继电器 SR 相连，表示 SR 与 M 同轴，动作过程分析如下。

单向降压启动的过程如下：

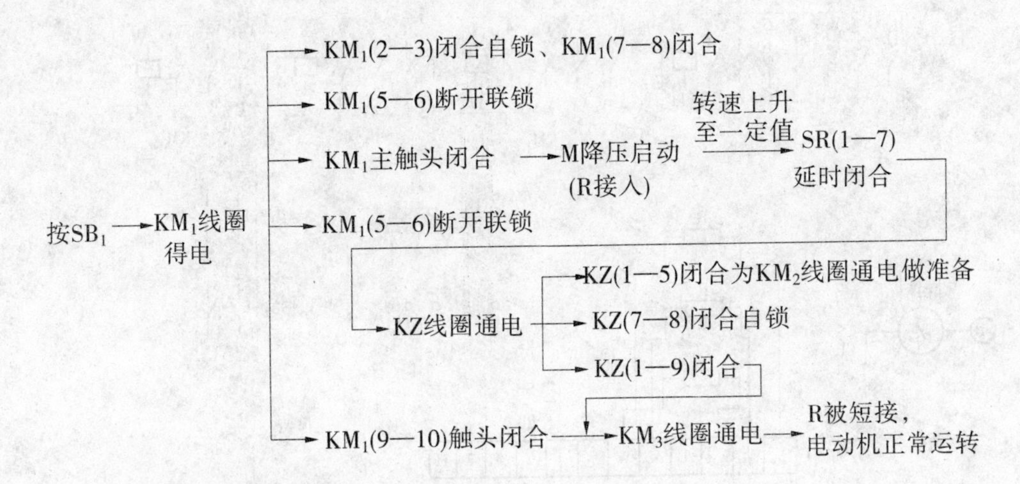

反接制动过程如下：

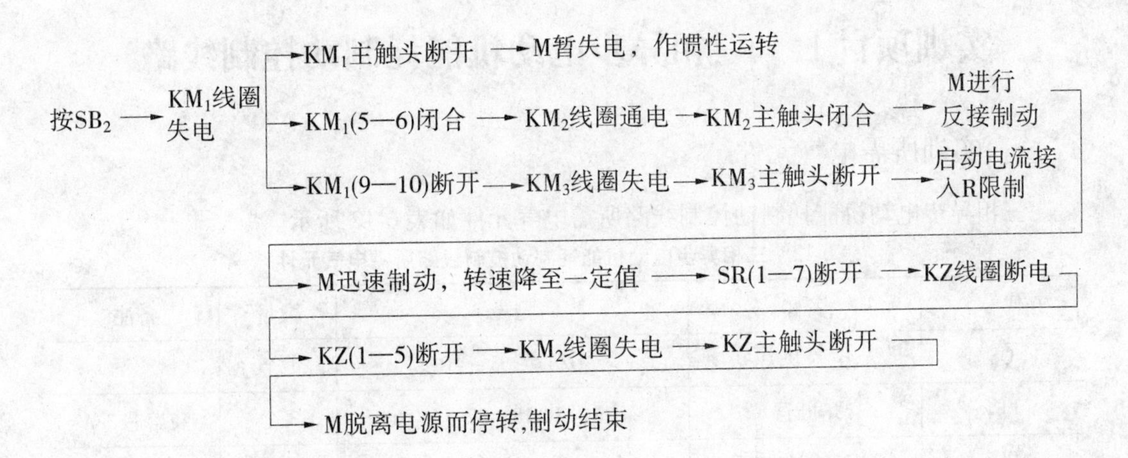

三、安装与接线

三相异步电动机单向降压启动及反接制动线路的布置与接线可参照图 6-17，操作者应画出具体接线图。

四、检测与调试

经检查安装牢固且接线无误后，操作者可接通电源自行操作。若动作过程不符合要求或出现不正常现象，则应分析并排除故障，使控制线路能正常工作。

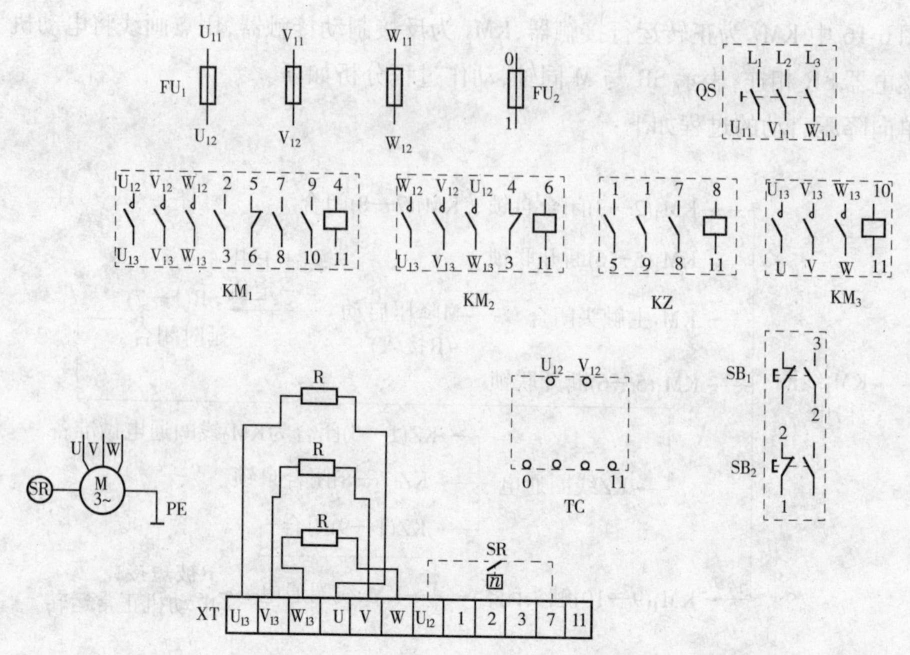

图 6-17　三相异步电动机单向降压启动及反接制动线路接线图

实训项目七　三相异步电动机能耗制动控制线路

一、实训所需电气元件

三相异步电动机能耗制动控制线路所需电气元件如表 6-12 所示。

表 6-12　三相异步电动机能耗制动控制线路所需电气元件

代号	名称	型号	数量	备注
QS	空气开关	DZ47 - 63 - 4P	1 个	
FU_1	熔断器	RT18 - 32	3 个	装熔芯 3 A
FU_2	直插式熔断器	RT14 - 20	1 个	装熔芯 2 A
KM_1、KM_2	交流接触器	CJX2 - 0901	2 个	线圈 AC 220 V
FR	热继电器	NR2 - 11.5(0.63 ~ 1 A)	1 个	
	热继电器座	NR2 - 11.5	1 个	
KT	时间继电器	JSZ3 - A - B(0 ~ 60 s)/220 V	1 个	
	时间继电器方座	PF - 083A	1 个	
TC	控制变压器	JBK3 - 100VA(380/220/12 V)	1 台	
SB_1	按钮	NP2 - EA45	1 个	红色

续表 6-12

代号	名称	型号	数量	备注
SB_2	按钮	NP2 - EA35	1 个	绿色
M	三相异步电动机	实训专用	1 台	380 V/△
V	二极管	1N5408	1	
R	电阻	75 Ω/75 W	1	

二、电气原理

如图 6-18 所示,该电路采用无变压器的单管半波整流电路提供直流电源,采用时间继电器 KT 对制动时间进行控制。KM_1 为运动接触器,KM_2 为制动接触器,KM_2 的两对主触头接至电动机定子绕组的两相,并经另一相绕组、KM_2 的另一对主触头,再经整流二极管 V 和限流电阻 R 接至零线,构成工作回路。

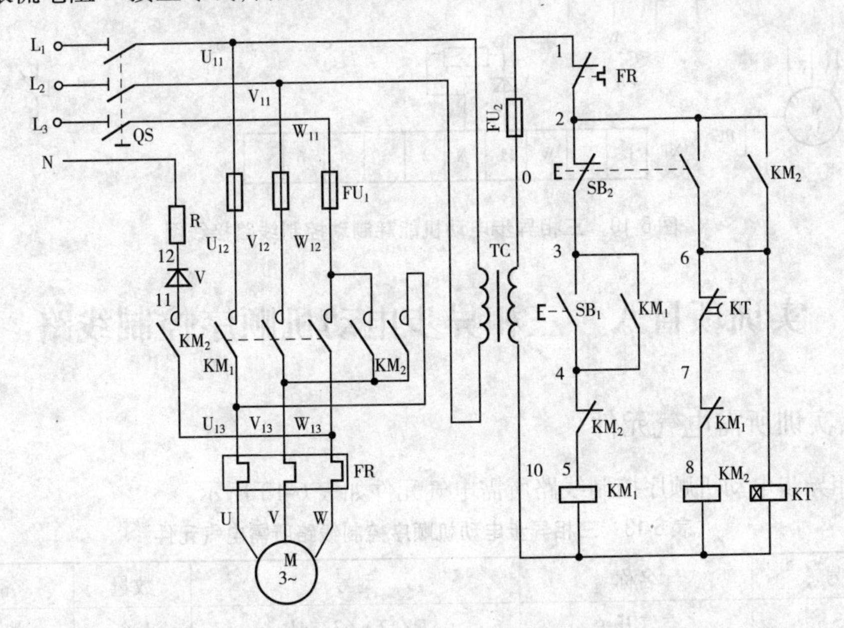

图 6-18　三相异步电动机能耗制动控制线路原理图

该控制线路适用于 10 kW 以下电动机,这种线路简单,附加设备较少,体积小,采用一只二极管半波整流器作为直流电源。

三、安装与接线

三相异步电动机能耗制动控制线路的布置与接线可参照图 6-19,操作者应画出实际接线图。

四、检测与调试

确认接线正确后,可接通交流电源自行操作。若操作中发现有不正常现象,应断开电源,分析并排除故障后重新操作。

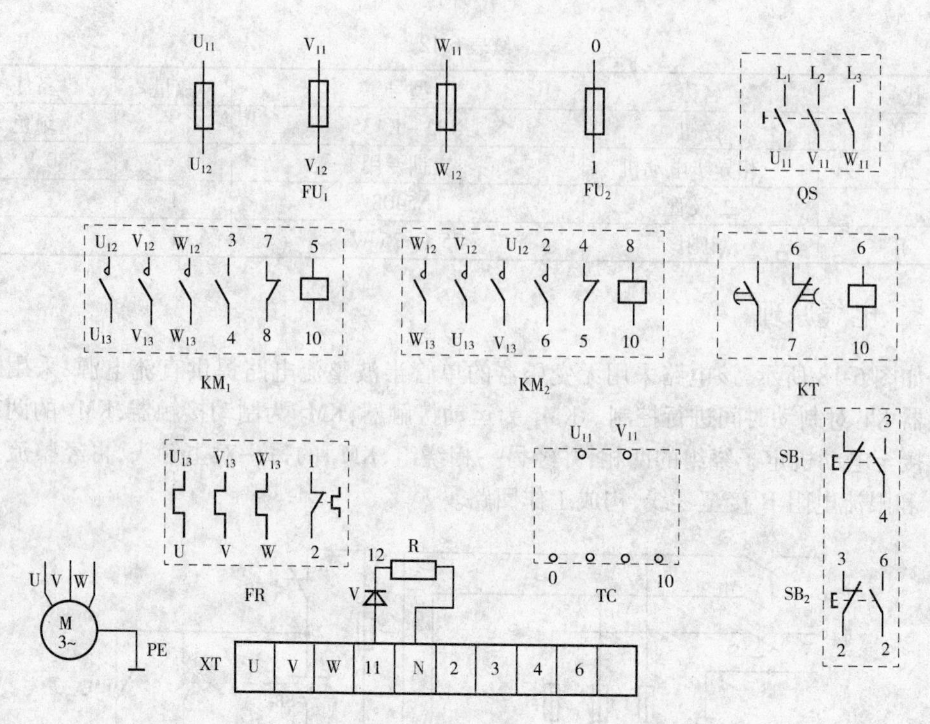

图 6-19　三相异步电动机能耗制动控制线路接线图

实训项目八　三相异步电动机顺序控制线路

一、实训所需电气元件

三相异步电动机顺序控制线路所需电气元件如表 6-13 所示。

表 6-13　三相异步电动机顺序控制线路所需电气元件

代号	名称	型号	数量	备注
QS	空气开关	DZ47－63－4P	1 个	
FU_1	熔断器	RT18－32	3 个	装熔芯 3 A
FU_2	直插式熔断器	RT14－20	1 个	装熔芯 2 A
KM_1、KM_2	交流接触器	CJX2－0901	2 个	线圈 AC 220 V
FR_1、FR_2	热继电器	NR2－11.5(0.63～1A)	2 个	
	热继电器座	NR2－11.5	2 个	
TC	控制变压器	JBK3－100VA(380/220/12 V)	1 台	
SB_{11}、SB_{21}	按钮	NP2－EA45	2 个	红色
SB_{12}、SB_{22}	按钮	NP2－EA35	2 个	绿色
M_1、M_2	三相异步电动机	实训专用	2 台	380 V/△

二、电气原理

顺序控制的电气原理图如图6-20(a)所示。在生产实践中,有时要求电动机的启动、停止必须满足一定的顺序,如主轴电动机必须在油泵启动之后启动,钻床的进给必须在主轴旋转之后,等等。顺序控制可以在主电路中实现,也可以在控制电路中实现。

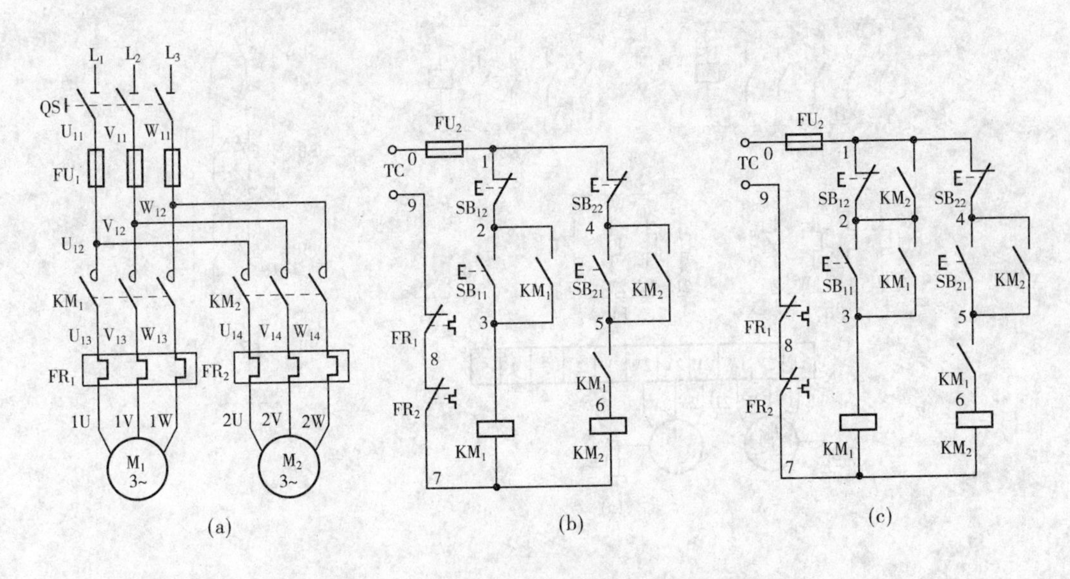

图6-20　三相异步电动机顺序控制线路原理图

图6-20(b)中,接触器KM_1的另一对常开触头(线号为5、6)串联在接触器KM_2线圈的控制电路中,当按下SB_{11}使电动机M_1启动运转后,再按下SB_{21},电动机M_2才会启动运转。若要停止电动机M_2,则只要按下SB_{12}即可。

图6-20(c)中,由于在停止按钮SB_{12}两端并联一个接触器KM_2的常开辅助触头(线号为1、2),所以只有先使接触器KM_2线圈失电,电动机M_2停止,同时KM_2常开辅助触头断开,才能按SB_{12}达到断开接触器KM_1线圈电源的目的,使电动机M_1停止。这种顺序控制线路的特点是:两台电动机依次顺序启动,而逆序停止。

三、安装与接线

三相异步电动机顺序控制线路的布置与接线可参考图6-21(a)和图6-21(b),操作者可画出实际接线图。

四、检测与调试

确认接线正确后,可接通交流电源自行操作。若操作中发现有不正常现象,应断开电源,分析并排除故障后重新操作。

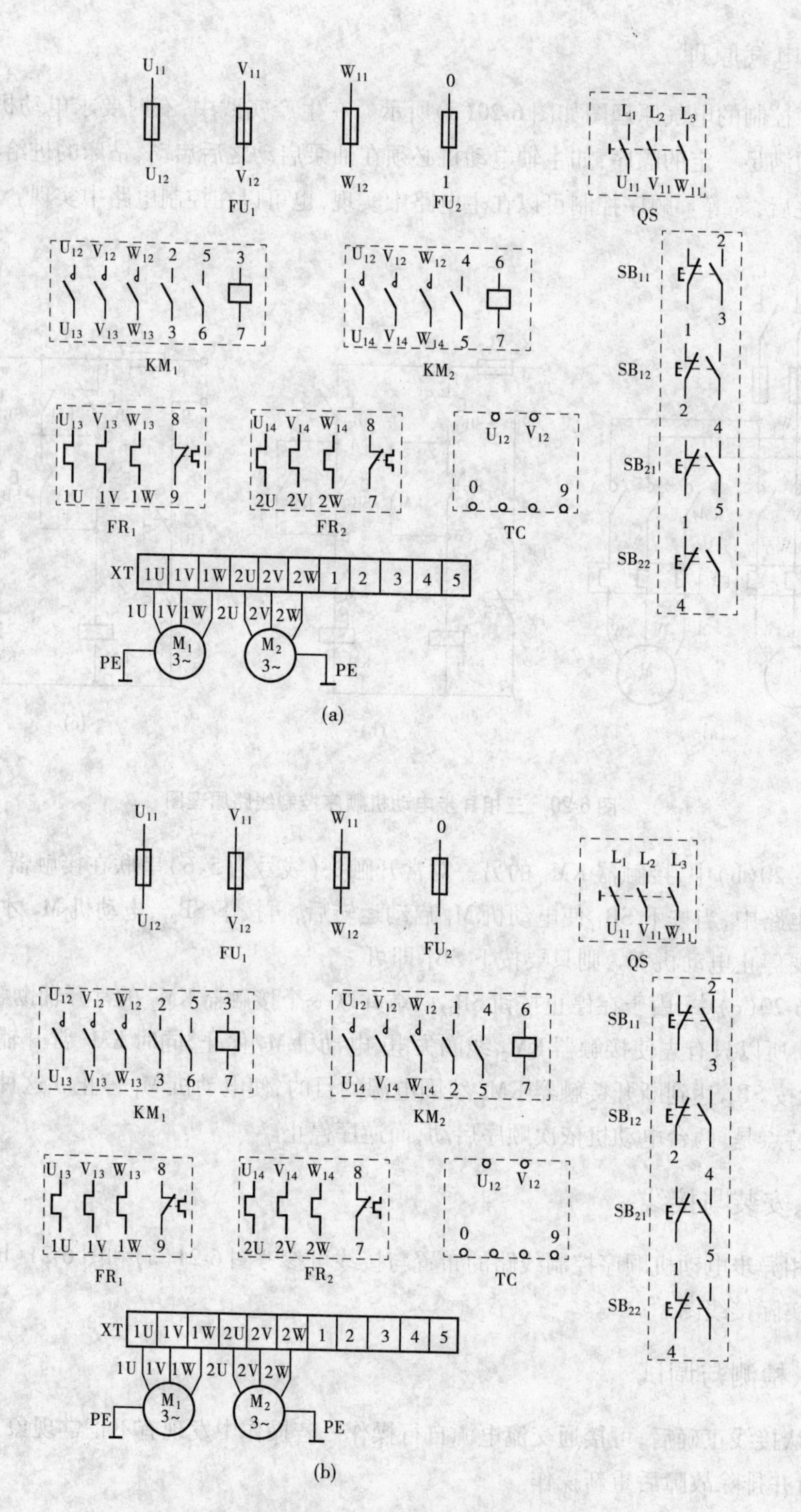

图 6-21　三相异步电动机顺序控制线路接线图

实训项目九　工作台自动往返控制线路

一、实训所需电气元件

工作台自动往返控制线路所需电气元件如表6-14所示。

表6-14　工作台自动往返控制线路所需电气元件

代号	名称	型号	数量	备注
QS	空气开关	DZ47－63－4P	1个	
FU_1	熔断器	RT18－32	3个	装熔芯3 A
FU_2	直插式熔断器	RT14－20	1个	装熔芯2 A
KM_1、KM_2	交流接触器	CJX2－0901	2个	线圈AC 220 V
FR	热继电器	NR2－11.5(0.63～1 A)	1个	
	热继电器座	NR2－11.5	1个	
SQ_3、SQ_4	行程开关	YBLX－19－222	2个	手动复位
SQ_1、SQ_2	行程开关	YBLX－19－001	2个	自动复位
SB_3	按钮	NP2－EA45	1个	红色
SB_1、SB_2	按钮	NP2－EA35	2个	绿色
TC	控制变压器	JBK3－100VA(380/220/12 V)	1台	
M	三相异步电动机	实训专用	1台	380 V/△

二、电气原理

如图6-22所示，该控制线路为工作台自动往返控制线路，主要由四个行程开关进行控制与保护，其中SQ_1、SQ_2装在机床床身上，用来控制工作台的自动往返，SQ_3和SQ_4用作终端保护，即限制工作台的极限位置。在工作台的T形槽中装有挡块，当挡块碰撞行程开关后，能使工作台停止和换向，工作台就能实现往返运动。工作台的行程可通过移动挡块位置来调节，以适应不同的工件。

图6-22中的SQ_3和SQ_4分别安装在向左或向右的某个极限位置上。如果SQ_1或SQ_2失灵，工作台会继续向左或向右运动，当工作台运行到极限位置时，挡块就会碰撞SQ_3或SQ_4，从而切断控制线路，迫使电动机M停转，使得工作台停止移动。SQ_3和SQ_4实际上起着终端保护的作用，因此称为终端保护开关，简称终端开关。

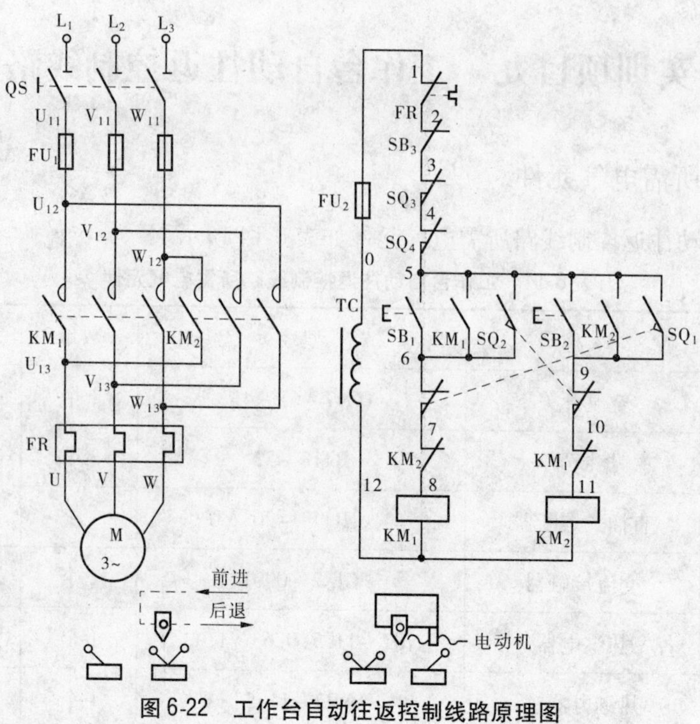

图 6-22　工作台自动往返控制线路原理图

该线路的工作原理简述如下：

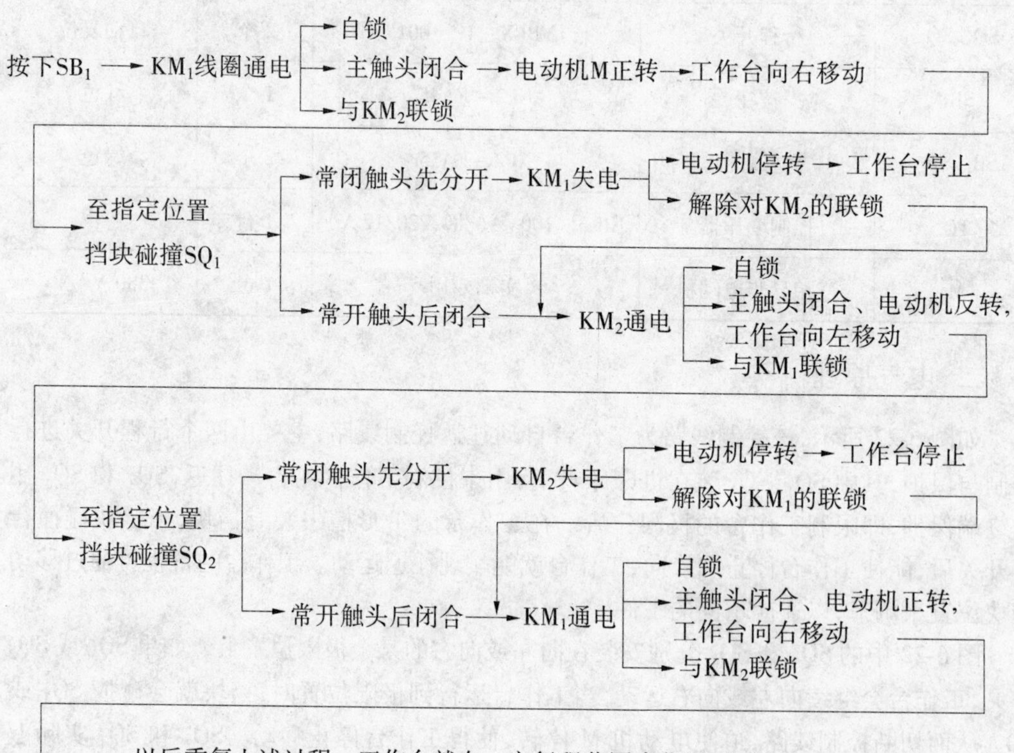

三、安装与接线

工作台自动往返控制线路的布置与接线可参考图 6-23,操作者应画出实际接线图。装在柜内面板上的 SQ_4 限位触柄初始位置为左高右低,SQ_3 限位触柄初始位置为右高左低。

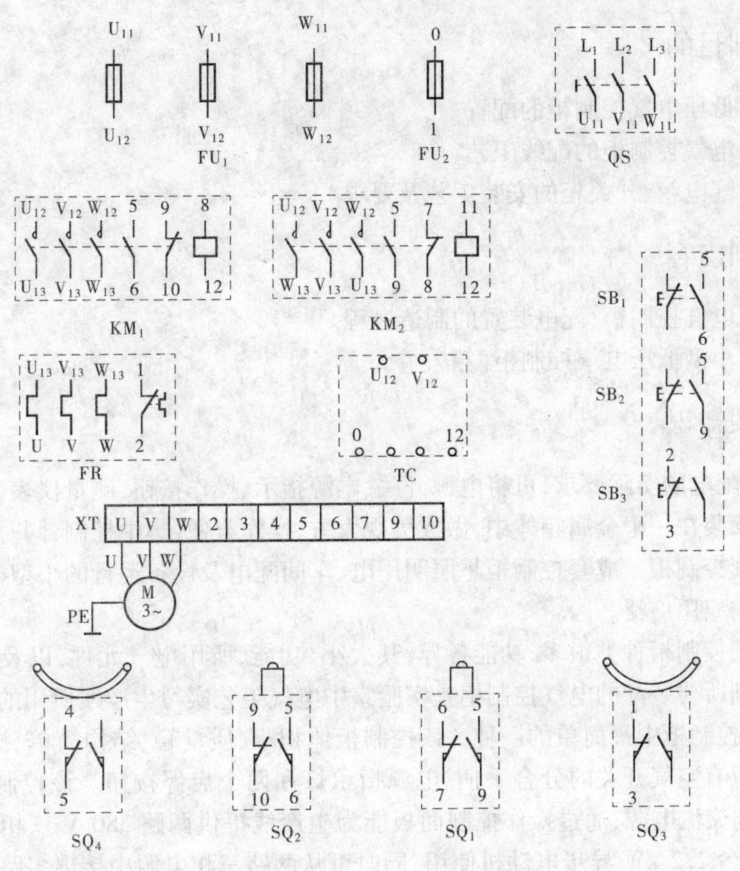

图 6-23 工作台自动往返控制线路接线图

四、调试与测试

按下 SB_1,观察并调整电动机 M 为正转(模拟工作台向右移动),用手代替挡块按压 SQ_1,并使其自动复位,电动机先停转再反转(模拟工作台向左移动);用手代替挡块按压 SQ_2,再使其自动复位,则电动机先停转再正转。重复上述过程,电动机都能正常正反转。若拨动 SQ_3 或 SQ_4 极限位置开关,则电动机应停转。若不符合上述控制要求,则应分析并排除故障。

第七章　低压电气控制柜安装实训

一、实训目的

(1)了解低压电气控制柜的配置。

(2)熟悉电气控制柜的配线工艺。

(3)掌握配电箱、开关柜的安装工艺及要求。

二、实训内容

(1)参观电气控制柜、配电装置的制造过程。

(2)制作小型低压电气控制柜(箱)。

三、相关知识

按用电、配电的实际要求,可将电源开关、电源指示、操作按钮、测量仪表、继电保护电路等合理地安装在一个金属箱体中,做成美观大方、操作方便、集中控制,同时具有安全保护功能的成套控制柜。成套控制柜是照明用电、车间配电及设备运行的小型电气控制台,在生产现场中应用广泛。

低压电气控制柜种类很多,功能各异,其大小、功能、所用电气元件,以及安装形式各不相同。实训所要装配的电气控制柜是实验室中电气工艺实习生产线所用的小型电源控制柜,是成套控制柜中最简单的一种。该控制柜体积小、质量轻、结构简单、操作方便,其控制面板上只有空气开关的分合手柄、电源指示灯和两个启停按钮。该控制柜引入 380 V 三相四线制交流电源,通过操作控制面板能为生产线提供两路 380 V 三相四线制交流电源,可供两台 2.2 kW 异步电动机使用;同时可从两路三相电源中接出多路 220 V 单相交流电源,供生产线其他电路用电,如 A 相用于照明,B 相用于仪器电源插座,C 相用于电烙铁的供电插座。两路电源可单独使用,也可同时使用。

(一)电气接线图的绘制原则

电气接线图应当根据电气原理图、装配图以及接线的技术要求进行绘制,绘制接线图的规则如下:

(1)在接线图中,各电器的相对位置应与实际安装的相对位置一致。

(2)电动机和电气元件仍用原理图中规定的图形符号表示。属于同一电器的触头、线圈以及有关的安装部分应绘制在一起,并用细实线框入。各电动机、电器的接线端子号和接线端的相对位置也应与实物一致。

(3)各电动机、电器的文字符号和接线的编号应与电气原理图一致。

(4)成束的接线可用一条实线表示。若接线很多,可在电器的接线端只表明接线的编号和去向,不一定将线全部绘出。

(5)在分部接线图中，对于外部接线用的接线座，应注明外部接线的去向和接线编号。

本实训控制柜电气原理图如图 7-1 所示。

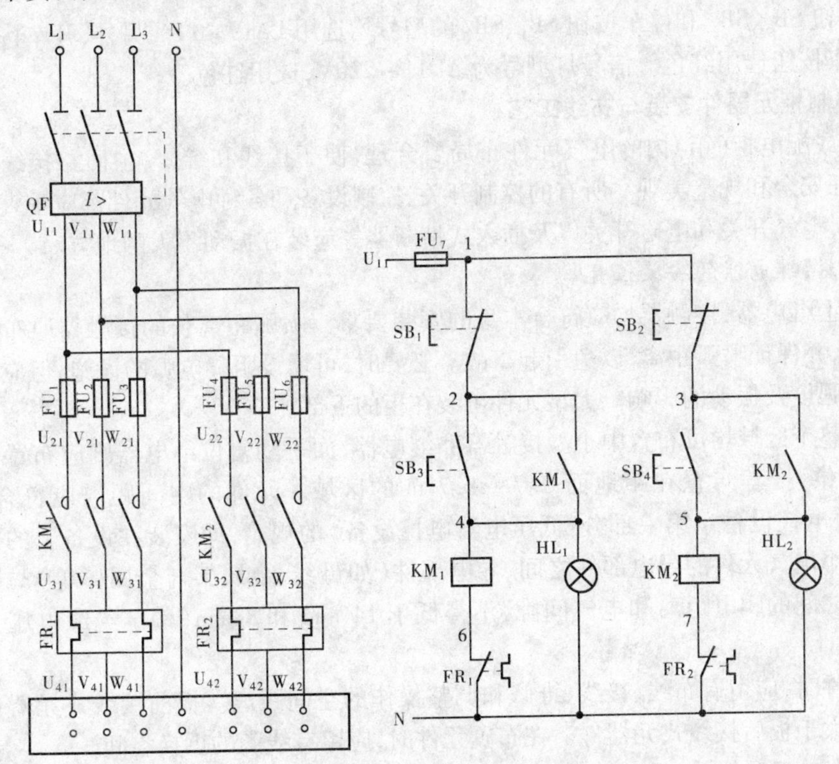

图 7-1　控制柜电气原理图

(二)电气元件的选择

各种低压电器型号及连接导线线径，应根据电子工艺实习所用电动机铭牌数据和用电设备的多少来确定。本实训所用电动机功率为 2.2 kW，其他用电设备主要是电烙铁、照明灯和测量仪表，功率都不是太大，因此主回路导线选用 BV 2.5 mm^2(2.5 mm^2 单股铜线)，控制回路导线选用 BV 1.0 mm^2。

熔断器 FU_1、FU_2、FU_3、FU_4、FU_5、FU_6 用于对电动机进行短路保护，熔体额定电流应不小于电动机额定电流的 1.5 ~2.5 倍，机电设备实训所用电动机一般空载启动，系数可取 1.5。因此，熔断器可选用 RL1 -15/10 A，熔断器 FU_7 则可选用 RL1 -15/2 A。

自动空气开关的额定电压和额定电流应不小于电路额定工作电压和最大工作电流，热脱扣器的整定电流应与所控负载的额定电流一致。对于多台电动机，DZ 系列自动开关过电流脱扣器的瞬时脱扣整定电流 I_Z 应按下式整定：

$$I_Z \geqslant K(I_{qmax} + \text{电路中其他工作电流})$$

其中，K 可取 1.5 ~1.7，I_{qmax} 为最大一台电动机的启动电流。此系统中空气开关应选取 DZ10 -100/330，过电流脱扣器的整定电流为 20 A。

交流接触器应根据主回路中负载的额定电流和额定电压选择，交流接触器主触头的额定电流应不小于负载回路额定电流，额定电压应不小于负载额定电压，本系统交流接触器型号为 CJ10－10/220 V，热继电器型号为 JR16B－20/3 D，热元件整定电流为 3.2～5 A，整定为电动机的额定电流 4.4 A。

开车按钮 SB_3、SB_4 和停车按钮 SB_1、SB_2 的型号均选用 LA19－11。另外，开车按钮选用绿色，停车按钮选用红色。信号灯型号为 AD11－220V，选用红色。

（三）控制柜元器件安装与布线工艺

控制柜或配电柜（箱）内的电气元件布局要合理，便于接线和维修，主回路接线应最短，并可保证安全和规整美观。所有的控制开关、控制设备和各种电气元件都应垂直安装或竖直放置，空气开关和电磁开关以及插入式熔断器等应装在振动不大的地方。

1. 接触器、继电器的安装位置

控制柜上继电器、接触器均应符合本身的安装要求。喷弧距离长的接触器应布置在柜的最上部，并保证喷弧距离，以免引起事故。必要时，可增设阻隔电弧的设施，但应注意构架的机械强度及振动的影响。大型元件可装在柜的下部。

在柜的整个区域均可布置中小型接触器和继电器，而手动复位继电器则应布置在便于操作的部位，推荐布置在距地面 0.7～1.7 m 的区域。元件的空间距离应符合 GB 4720—1984《电控设备　第一部分：低压电器电控设备》的规定，即安装在设备上的电气元件与另一个电气元件的导电部件之间、导电部件（如母线、金属架与金属体等）与另一个导电部件之间的爬电距离和电气间隙，不得低于 14 mm 和 8 mm（额定绝缘电压大于 300～660 V 时）。

布置元件时，应留有布线、接线、维修和调整操作的空间距离。板前接线式元器件的空间距离应大于板后接线式元器件。在布置元件时，应留有线圈的拆换空间。

2. 低压断路器的安装位置

低压断路器一般安装在柜内上部，推荐布置在柜内距地面 0.7～1.7 m 的区域。宜按照操作顺序由左到右、从上到下布置。对于向上喷弧的低压断路器，应留有足够的喷弧距离，以免损坏其他元器件。

3. 刀开关和电流互感器的安装位置

刀开关应布置在易于操作的区域。电流互感器一般布置在控制柜内的低压断路器、接触器、继电器的下方，推荐安装在柜内距地面 0.7～1.7 m 的区域。

4. 接线端子和按钮的安装位置

用于外部接线的端子宜布置在柜内最下部，在柜内布置时不应低于 200 mm，周围必须留有足够空间，以便于外部电缆的引入。

按钮的布置应考虑操作方便，可按操作顺序由左到右、从上到下布置，或按目视的生产流程顺序布置。常用按钮应布置在视角左右各 30°的范围内，尽可能把连续调节、频繁操作的元件布置在右方，操纵件一般布置在易于操作的部位。紧急停车按钮宜布置在控制柜上不易被碰撞的位置。按钮之间要间隔一定的距离，以便于操作。按钮宜布置在柜内距地面 0.95～1.50 m 的区域。

5. 电流表和指示灯的安装位置

电流表应布置在柜的上部，以便于观察。安装电流表时，应注意该电流表能否直接安装在钢板上(控制屏(台、柜、箱)在布置电流表和电压表时均应考虑到这一点),以免影响电流表(电压表)的测量准确度。数只电流表安装在一处时,应避免分流器磁场所产生的附加误差。

指示灯应布置在控制柜的恰当位置,一般应在正常视野范围内,并在控制柜面板上距地面1.4~2 m的区域,以利于对设备运行状况的监视。指示灯应分为红、绿灯区域,分开布置。

6. 电气控制柜布线的工艺要求

(1)布线通道尽可能少,同路并列的导线按主电路、控制电路分类集中,单层密排,紧贴安装元器件布线。

(2)同一平面导线不能交叉,若非交叉不可,只能在另一导线因进入接点而抬高时,从其下空隙穿越。

(3)布线要横平竖直、弯成直角、分布均匀和便于检修。

(4)布线次序一般以接触器为中心,由里向外,由低至高,先控制电路后主电路,主电路、控制电路上下层次分明,以不妨碍后续布线为原则。

(5)导线接头、接点时,要给剥去绝缘层的线头两端套上标有与原理图编号相符的号码套管。

(6)不论是单股导线还是多股导线的芯线头,插入连接端的孔内时,都必须插入到底。多股导线要绞紧,同时导线绝缘层不得插入接线端孔内,而且端孔外侧导线芯线裸露不能超过芯线外径。螺钉要拧紧,不可松脱。

(7)每个电气元件上的每个接点不能超过两个线头。

(8)控制板与外部按钮、行程开关、电源负载的连接应穿护线管,且连接线用多股软铜导线。电源负载也可用橡胶电缆连接。

(四)控制柜电路安装与调试步骤

(1)检查电气元件。检查按钮、接触器的分合情况,测量接触器、继电器等的线圈电阻,观察电动机接线盒内端子标记等。

(2)固定电气元件。按照接线规定位置定位,将各元件固定牢固,并按电气原理图上的符号,在各电气元件的醒目处贴上符号标志。导线应留出足够的长度,以便与内板连接,并能使前门自由开启和关闭。

(3)按图接线。按接线图的线号顺序接线,接线完毕后将内板装入柜内,并将前门上的控制导线与内板下端子连接。

(4)安装电动机。电动机的保护接地线连接可靠,连接控制板到电动机的导线,最后再接至三相电源。

(5)检测电气元件和线路。对照原理图,用万用表对电气元件和线路进行测量,观察静态时电路中关键点的通断关系是否正确。用摇表检查电路的绝缘电阻不得小于1 MΩ。

(6)空操作调试。主电路不连接电动机,闭合电源总开关。按下启动按钮,观察接触器是否吸合,动作是否灵活,有无机械卡阻,有无过大噪声,线圈有无过热现象;按下停止按钮,观察接触器的复位情况。

(7)空载试验。空操作调试后,将电动机接入主电路,但电动机不带机械负载。按下启动按钮，观察电动机运转是否正常；按下停止按钮，电动机应停车。

（8）互锁测试。根据实际控制电路的互锁关系，在断开总电源的情况下，进行相关按钮或接触器的互锁测试。

本实训控制柜的内板元件位置如图 7-2 所示，面板元件位置如图 7-3 所示。

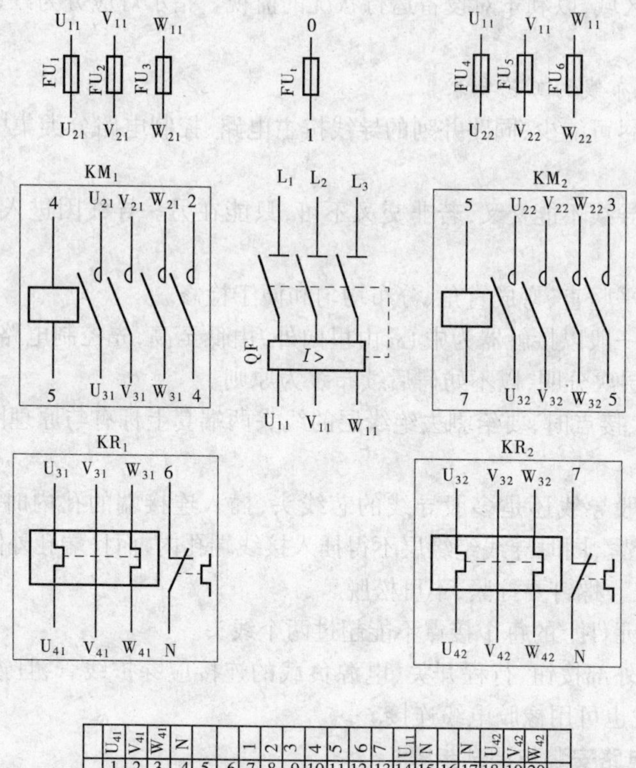

图 7-2　控制柜内板元件位置图

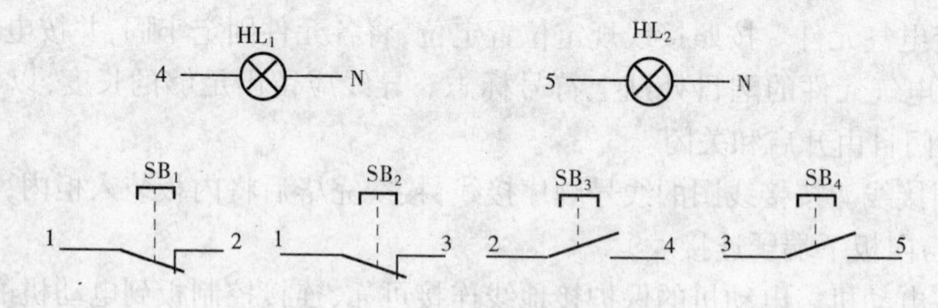

图 7-3　控制柜面板元件位置图

（五）柜体设计

电气元件选型和排列完成后，接下来的工作便是设计柜体。柜体尺寸应根据柜内所用元件的多少来确定。由于本控制柜所用元器件不多，又没有特殊的散热要求，考虑经济的原则，拟采用高 × 宽 × 厚 = 600 mm × 500 mm × 200 mm 的柜体。柜体可用厚 2 mm 的铁板制作，底部要留有导线进口与出口，为节约材料，也可做成无底的；内板尺寸为 520 mm × 480 mm × 6 mm，采用绝缘树脂板制作。控制柜必须门锁齐全，开闭灵活。

柜门(即控制面板)的开孔位置及加工尺寸图如图7-4所示。

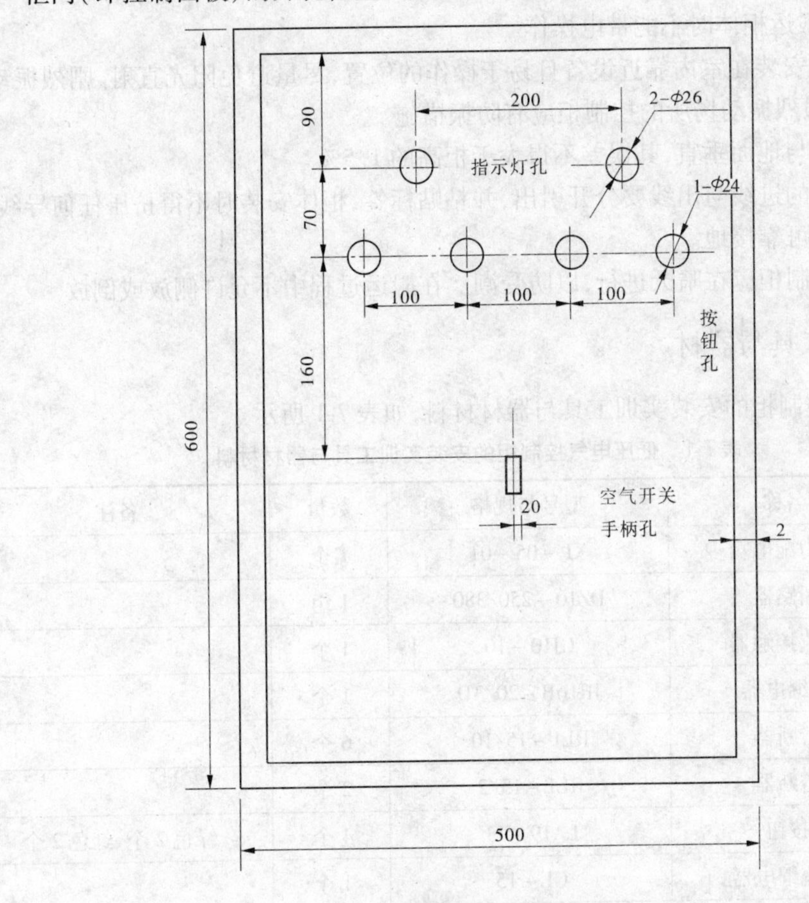

图7-4　控制柜面板加工图　(单位:mm)

(六)整机调试

对照接线图,检查接线是否完全正确,接地线安装是否牢靠,各按钮、接触器、热继电器等是否安装牢固。然后,合上QF,用万用表欧姆挡测试 L_1、L_2、L_3 之间的电阻和 L_1、L_2、L_3 与N之间的电阻及各输出端子之间的电阻是否为无穷大,以此来判断是否有短路情况发生。

用兆欧表测得的各输出端子与控制柜外壳之间的绝缘电阻应大于5 MΩ。

(七)通电试车

合上电源开关,按下 SB_3,指示灯 HL_1 应亮,用万用表测试每相相电压及线电压是否为220 V和380 V,按下 SB_1 后,指示灯 HL_1 应熄灭,且各相相电压及线电压应为0 V。按下 SB_4,指示灯 HL_2 应亮,同时测试各相相电压及线电压应为220 V和380 V,按下 SB_2,指示灯 HL_2 应熄灭,且各相相电压及线电压应为0 V。

如存在故障,应首先切断电源检修。检修故障时,要对照原理图进行分析,初步判断故障原因、故障点可能存在的位置,然后再进行检查,边检查边修复。检查线路时,必须严格遵守安全操作规程,做到安全操作。

(八)柜体安装注意事项

(1)安装、搬运柜体时不能带电操作。

(2)柜体应安装在室内靠近设备且易于操作的位置,尽量避免阳光直射、剧烈振动和潮湿。安装在强烈振动场所的控制柜应有防振措施。

(3)柜体应与地面垂直,其误差不得大于柜高的1.5%。

(4)控制柜的进线与出线要分开引出,并粘贴标签,柜体安装时不得挤压任何导线。

(5)柜体应可靠接地。

(6)搬运控制柜应在晴天进行,以防受潮。在搬运过程中不允许侧放或倒放。

四、实训工具与器材

低压电气控制柜的安装实训工具与器材材料,如表7-1所示。

表7-1 低压电气控制柜的安装实训工具与器材材料

序号	名称	型号与规格	数量	备注
1	动力配电箱	XL－05－01	1个	
2	断路器	DZ10－250/380	1组	
3	交流接触器	CJ10－10	1个	
4	热继电器	JR16B－20/3D	1个	
5	熔断器	RL1－15/10	6个	
6	熔断器	RL1－15/2	2个	
7	按钮	LA19－11	4个	绿色2个、红色2个
8	电流继电器	GL－15	1个	
9	绝缘导线	BV 2.5 mm^2	各5 m	四色导线
10	信号灯	AD11－220 V	2个	红色

五、实训要求

(1)正确识读电气控制原理图、控制设备安装与接线图。

(2)根据电气原理图,选择元器件和材料,检测电气元件的质量。根据电动机额定电流,选配主电路、控制电路导线。

(3)设计电气控制柜电气元件的安装位置,画出控制柜内板上电气元件的安装位置图。

(4)按照国家标准GB 50254—96的要求,完成各电气元件的安装与接线。

(5)检查、试运行良好。

六、实训考核

实训考核成绩评分标准见表7-2。

表 7-2　实训考核成绩评分标准

序号	考核内容	考核要求	评分标准	配分	扣分	得分
1	识图	正确识读给定题目的电路图	(1)错误解释和表述文字、符号意义，每个扣2分； (2)错误说明设备在电路中的作用，每个扣2分	10		
2	识别设备、材料	正确识别所需设备、材料	(1)设备、材料型号识错，每个扣5分； (2)设备、材料规格识错，每个扣5分	10		
3	选用仪器、仪表	正确选择、使用电工测量仪器、仪表	(1)错误选择仪器、仪表的规格和型号，每项扣2分； (2)使用方法不正确扣2分； (3)试运行记录错误，每项扣2分	10		
4	选用工具、器具	所选择的安装工具、器具符合要求，并能正确使用	(1)错误选择工具、器具的类别和规格，每个扣2分； (2)使用方法不正确扣2分	10		
5	安全与文明生产	操作过程符合电工作业安全规范和文明生产要求	(1)违反安全技术和安全操作规程，每项扣2分； (2)操作现场工具、器具和仪表、材料摆放不整齐扣2分； (3)不听指挥致使发生严重设备和人身事故的，取消考试资格	10		
6	安装前检查	按照设计要求或产品技术文件的规定，全面检查所安装的设备	每漏一项扣2分	10		
7	安装作业	安装作业符合国家标准 GB 50254—96	(1)安装尺寸不符合技术要求，每处扣5分； (2)设备、元件安装不牢固，每处扣5分； (3)接线错误，每处扣5分； (4)接线不牢固(松动)，每处扣2分； (5)配线工艺不美观，每处扣2分； (6)联锁、联动装置动作不可靠，每项扣5分； (7)接地、接零不牢固或漏接扣5～10分	30		
8	检查运行	正确检查线路，试运行一次成功	(1)检查线路，每漏一项扣5分； (2)送电一次不成功扣5分	10		
备注			合计	100		
			教师签字	年	月	日

第八章　可编程序控制技术应用实训

一、实训目的

(1)熟悉 PLC 及实训系统的操作,掌握与、或、非逻辑功能的编程方法。

(2)认识定时器,掌握针对定时器的正确的编程方法。

(3)了解用 PLC 代替传统继电器控制电路的方法及编程技巧,理解并掌握三相异步电动机的点动、自锁控制方式及其实现方法。

(4)掌握 PLC 控制三相异步电动机的联锁正反转、延时控制的正反转、星形/三角形换接降压启动和带限位自动往返运动的编程方法。

二、实训内容

(1)基本指令的编程练习。

(2)三相异步电动机 PLC 点动和自锁控制实训。

(3)三相异步电动机 PLC 联锁正反转控制实训。

(4)三相异步电动机 PLC 带延时正反转控制实训。

(5)三相异步电动机 PLC 星形/三角形换接降压启动控制实训。

(6)三相异步电动机 PLC 带限位自动往返运动控制实训。

三、相关知识

可编程序控制器,英文称 Programmable Logical Controller,简称 PLC。它是一个以微处理器为核心的数字运算操作的电子系统装置,专为在工业现场应用而设计,它采用可编程序的存储器,用于在其内部存储执行逻辑运算、顺序控制、定时/计数和算术运算等操作的指令,并通过数字式或模拟式的输入、输出接口,控制各种类型的机械或生产过程。PLC 是微机技术与传统的继电接触控制技术相结合的产物,它克服了继电接触控制系统中机械触点接线复杂、可靠性低、功耗高、通用性和灵活性差的缺点,充分利用了微处理器的优点,又照顾到了现场电气设备操作维修人员的技能与习惯。特别是 PLC 的程序编制,不需要专门的计算机编程语言知识,而是采用了一套以继电器梯形图为基础的简单指令形式,使用户程序编制形象、直观、方便易学,调试与查错也都很方便。用户在购到所需的 PLC 后,只需按说明书的提示,做少量的接线工作和简易的用户程序的编制工作,就可灵活方便地将 PLC 应用于生产实践。

(一)可编程序控制器的基本结构

可编程序控制器主要由 CPU 模块、输入模块、输出模块和编程器组成,如图 8-1 所示。

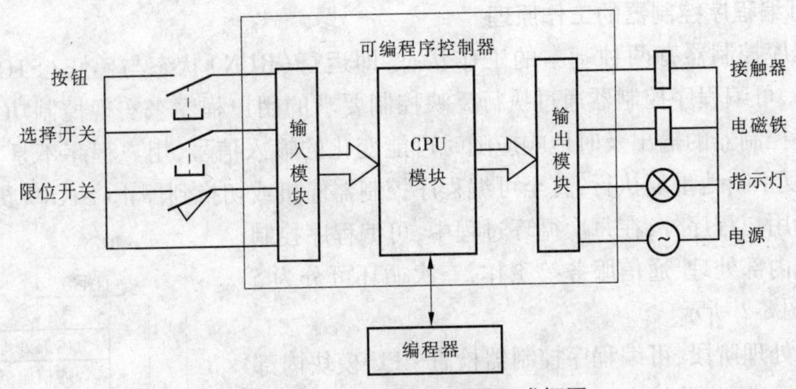

图 8-1　可编程序控制器组成框图

1. CPU 模块

CPU 模块又叫中央处理单元或控制器，主要由微处理器（CPU）和存储器组成。它用于运行用户程序、监控输入/输出接口状态、作出逻辑判断和进行数据处理，即读取输入变量，完成用户指令规定的各种操作，将结果送到输出端，并响应外部设备（如编程器、计算机、打印机等）的请求以及进行各种内部判断等。PLC 的内部存储器有两类：一类是系统程序存储器，主要存放系统管理和监控程序及对用户程序作编译处理的程序，系统程序已由厂家固定，用户不能更改；另一类是用户程序及数据存储器，主要存放用户编制的应用程序及各种暂存数据和中间结果。

2. I/O 模块

I/O（输入/输出）模块是系统的眼、耳、手、脚，是联系外部现场和 CPU 模块的桥梁。输入模块用来接收和采集输入信号。输入信号有两类：一类是由按钮、选择开关、数字拨码开关、限位开关、接近开关、光电开关、压力继电器等提供的开关量输入信号；另一类是由电位器、热电偶、测速发电机、各种变送器等提供的连续变化的模拟输入信号。

可编程序控制器通过输出模块控制接触器、电磁阀、电磁铁、调节阀、调速装置等执行器，可编程序控制器控制的另一类外部负载是指示灯、数字显示装置和报警装置等。

3. 电源

可编程序控制器一般使用 220 V 交流电源。可编程序控制器内部的直流稳压电源为各模块内的元件提供直流电压。

4. 编程器

编程器是 PLC 的外部编程设备，用户可通过编程器输入、检查、修改、调试程序或监视 PLC 的工作情况，也可通过专用的编程电缆线将 PLC 与计算机连接起来，并利用编程软件进行计算机编程和监控。

5. 输入/输出扩展单元

I/O 扩展接口用于将扩充外部输入/输出端子数的扩展单元与基本单元（即主机）连接在一起。

6. 外部设备接口

此接口可将编程器、打印机、条码扫描仪、变频器等外部设备与主机相连，以完成相应的操作。

（二）可编程序控制器的工作原理

可编程序控制器有两种基本的工作状态，即运行（RUN）状态与停止（STOP）状态。在运行状态，可编程序控制器通过执行反映控制要求的用户程序来实现控制功能。为了使可编程序控制器的输出及时地响应随时可能变化的输入信号，用户程序不是只执行一次，而是反复不断地重复执行，直至可编程序控制器停机或切换到停止（STOP）状态。

除执行用户程序外，在每次循环过程中，可编程序控制器还要完成内部处理、通信服务等工作，一次循环可分为5个阶段，如图8-2所示。

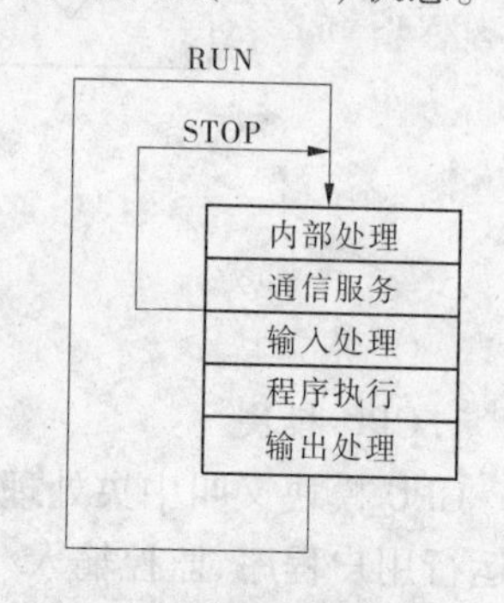

图8-2　可编程序控制器内部循环工作图

在内部处理阶段，可编程序控制器检查CPU模块内部的硬件是否正常，将监控定时器复位，以及完成一些别的内部工作。

在通信服务阶段，可编程序控制器与别的带微处理器的智能装置通信，响应编程器键入的命令，更新编程器的显示内容。

在输入处理阶段，可编程序控制器把所有外部输入电路的通/断（ON/OFF）状态读入输入映像寄存器。

在程序执行阶段，即使外部输入信号的状态发生了变化，输入映像寄存器的状态也不会随之而变，输入信号变化了的状态只能在下一个扫描周期的输入处理阶段被读入。

在输出处理阶段，CPU将输出映像寄存器的通/断状态传送到输出锁存器。

（三）可编程序控制器的内存区域的分布及I/O配置

可编程序控制器（以三菱FX系列为例）的内存区域的分布及I/O配置见表8-1。

（四）可编程序控制器的编程语言概述

现代的可编程序控制器一般具有多种编程语言，供用户使用。可编程序控制器编程语言的国际标准IEC1131－3详细说明了下述可编程序控制器的编程语言：①顺序功能图；②梯形图；③功能块图；④指令表；⑤结构文本。

其中，梯形图是使用得最多的可编程序控制器的图形编程语言。梯形图与继电器控制系统的电路图很相似，具有直观易懂的优点，很容易被工厂熟悉继电器控制的人员掌握，特别适用于开关量逻辑控制。其主要特点如下所述：

（1）可编程序控制器梯形图中的某些编程元件沿用了继电器这一名称，如输入继电器、输出继电器、内部辅助继电器等，但它们不是真实的物理继电器（即硬件继电器），而是在软件中使用的编程元件。每一编程元件与可编程序控制器存储器中元件映像寄存器的一个存储单元相对应。

（2）梯形图两侧的垂直公共线称为公共母线（BUS bar）。在分析梯形图的逻辑关系时，为了借用继电器电路的分析方法，可以想象左右两侧母线之间有一个左正右负的直流电源电压，当图中的触点接通时，有一个假想的“概念电流”或“能流（power flow）”从左到右流动，这一方向与执行用户程序时逻辑运算的顺序是一致的，如图8-3所示。

表 8-1　内存区域的分布及 I/O 配置表

名称及代号		FX_{1S} -20MR	FX_{2N} -48MR
输入继电器 X		X000 ~ X013	X000 ~ X027
输出继电器 Y		Y000 ~ Y007	Y000 ~ Y027
辅助继电器 M		M0 ~ M383	M0 ~ M499
状态 S		S0 ~ S127	S0 ~ S499
定时器 T		T0 ~ T31(0.1 s) T32 ~ T62(0.01 s) T63(0.001 s) 内置电位器型 2 点 VR1:D8030 VR2:D8031	T0 ~ T199(0.1 s) T200 ~ T245(0.01 s) T246 ~ T249(执行中断的保持用) T250 ~ T255(保持用)
计数器 C		16 位增量计数 C0 ~ C15 C16 ~ C31 32 位高速可逆计数器最大 6 点 C235 ~ C245(1 相 1 输入) C246 ~ C250(1 相 2 输入) C251 ~ C252(2 相输入)	16 位加法计数器 0 ~ 32767 C0 ~ C99 C100 ~ C199 32 位增/减计数器 C200 ~ C219 C220 ~ C234
数据寄存器 D、V、Z		D0 ~ D127(一般用) D128 ~ D255(保持用) D1000 ~ D2499(文件用) D8000 ~ D8255(特殊用) V7 ~ V0(变址用) Z7 ~ Z0(变址用)	D0 ~ D199(一般用) D200 ~ D511(停电保持用) D512 ~ D7999(停电保持用) 根据参考设定,可以将 D1000 以下作为文件寄存器 D8000 ~ D8255(特殊用) V0 ~ V7(指定用) Z0 ~ Z7(指定用)
常数	K	16 位 -32768 ~ 32767	16 位 -32768 ~ 32767
	H	16 位 0 ~ FFFFH	16 位 0 ~ FFFFH

(3)根据梯形图中各触点的状态和逻辑关系,求出与图中各线圈对应的编程元件的状态,称为梯形图的逻辑解算。逻辑解算是按梯形图中从上到下、从左到右的顺序进行的。

(4)梯形图中的线圈和其他输出指令应放在最右边。

(5)梯形图中各编程元件的常开触点和常闭触点均可以无限次地使用。

(五)可编程序控制器的编程步骤

(1)确定被控系统必须完成的动作及完成这些动作的顺序。

(2)分配输入、输出设备,即确定哪些外围设备是送信号到 PLC 的,哪些外围设备是

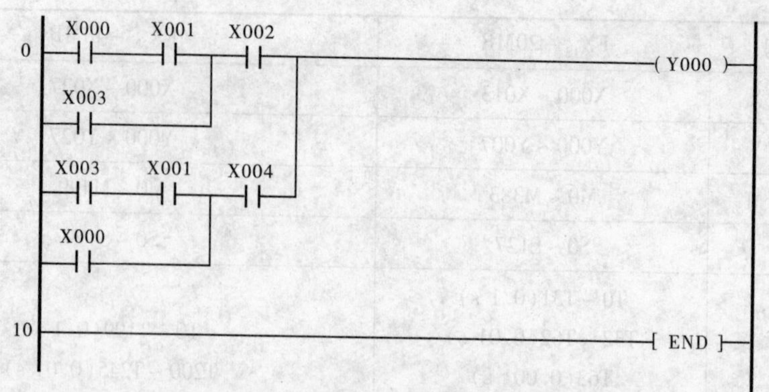

图 8-3　可编程序控制器梯形图

接收来自 PLC 的信号的,并将 PLC 的输入、输出口与之对应进行分配。

(3)设计 PLC 程序,画出梯形图。梯形图体现了按照正确的顺序所实现的全部功能及其相互关系。

(4)实现用计算机对 PLC 的梯形图直接编程。

(5)对程序进行调试(模拟和现场)。

(6)保存已完成的程序。

显然,在建立一个 PLC 控制系统时,必须首先把系统需要的输入、输出数量确定下来,然后按需要确定各种控制动作的顺序和各个控制装置彼此之间的相互关系。在确定控制上的相互关系之后,就可进行编程的第二步——分配输入、输出设备。在分配了 PLC 的输入输出点、内部辅助继电器、定时器、计数器之后,就可以设计 PLC 程序,画出梯形图。在画梯形图时,要注意每个从左边母线开始的逻辑行必须终止于一个输出元素。梯形图画好后,使用编程软件直接把梯形图输入计算机→下载到 PLC 进行调试→修改→下载,直至符合控制要求。这便是程序设计的整个过程。

(六)可编程序控制器基本指令简介

可编程序控制器基本指令如表 8-2 所示。

表 8-2　可编程序控制器基本指令表

名称	助记符	目标元件	说明
取指令	LD	X、Y、M、S、T、C	常开触点逻辑运算起始
取反指令	LDI	X、Y、M、S、T、C	常闭触点逻辑运算起始
线圈驱动指令	OUT	Y、M、S、T、C	驱动线圈的输出
与指令	AND	X、Y、M、S、T、C	单个常开触点的串联
与非指令	ANI	X、Y、M、S、T、C	单个常闭触点的串联
或指令	OR	X、Y、M、S、T、C	单个常开触点的并联
或非指令	ORI	X、Y、M、S、T、C	单个常闭触点的并联
或块指令	ORB	无	串联电路块的并联

续表 8-2

名称	助记符	目标元件	说明
与块指令	ANB	无	并联电路块的串联
主控指令	MC	Y、M	公共串联触点的连接
主控复位指令	MCR	Y、M	MC 的复位
置位指令	SET	Y、M、S	使动作保持
复位指令	RST	Y、M、S、D、V、Z、T、C	使操作保持复位
上升沿产生脉冲指令	PLS	Y、M	输入信号上升沿产生脉冲输出
下降沿产生脉冲指令	PLF	Y、M	输入信号下降沿产生脉冲输出
空操作指令	NOP	无	使步序作空操作
程序结束指令	END	无	程序结束

实训项目一　基本指令的编程实训

一、与、或、非逻辑功能实训

(一)实训目的

(1)熟悉 PLC 及实训系统的操作。

(2)掌握与、或、非逻辑功能的编程方法。

(二)实训说明

首先应根据参考程序判断 Y01、Y02、Y03 的输出状态,再拨动输入开关 X00、X01,观察输出指示灯 Y01、Y02、Y03 与 X00、X01 之间是否符合与、或、非的逻辑关系。

(三)输入/输出接线列表

输入/输出接线列表如下:

输入接线	X00	X01

输出接线	Y01	Y02	Y03

(四)实训步骤

通过专用电缆连接 PC 与 PLC 主机。打开编程软件,逐条输入程序,检查无误后将其下载到 PLC 主机中。将主机上的 STOP/RUN 按钮拨到 RUN 位置,运行指示灯点亮,表明程序开始运行,有关的指示灯将显示运行结果。

拨动输入开关,观察输出指示灯 Y01、Y02、Y03 是否符合与、或、非的逻辑关系。

(五)梯形图

与、或、非逻辑功能实训梯形图见图 8-4。

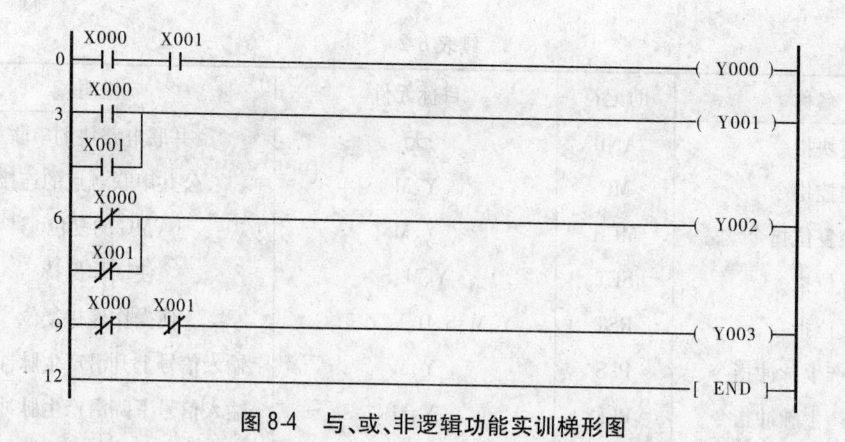

图 8-4　与、或、非逻辑功能实训梯形图

二、定时器/计数器功能实训

(一)定时器认识实训

1. 实训目的

认识定时器,掌握针对定时器的正确编程方法。

2. 实训说明

三菱 FX 系列的可编程序控制器的定时器分为通用定时器(T0 ~ T245)和计算定时器(T246 ~ T255)两种。

3. 梯形图

定时器认识实训梯形图见图 8-5。

图 8-5　定时器认识实训梯形图

(二)定时器扩展实训

1. 实训目的

掌握定时器的扩展及其编程方法。

2. 实训说明

由于 PLC 的定时器都有一定的定时范围,如果需要的设定值超过机器范围,我们可以通过几个定时器的串联组合来扩充设定值的范围。

3. 梯形图

定时器扩展实训梯形图见图 8-6。

(三)计数器认识实训

1. 实训目的

认识计数器,掌握针对计数器的正确的编程方法。

```
     X000   X001
0  ──┤├─────┤├──────────────────────( Y000 )
     X000                              K50
3  ──┤├─────────────────────────────( T0   )
     T0                                K30
7  ──┤├─────────────────────────────( T1   )
     T1
11 ──┤├─────────────────────────────( Y000 )
13 ─────────────────────────────────[ END  ]
```

图 8-6　定时器扩展实训梯形图

2. 实训说明

三菱 FX 系列的内部计数器分为 16 位二进制加法计数器和 32 位增/减计数器两种。其中,16 位二进制加法计数器的设定值在 0 ~ 32767 范围内有效。

由 C0 对 X000 输入脉冲(通/断次数)进行计数,当 C0 计数达到 10 次后,Y000 输出。通过 X001 可对 C0 进行复位。

3. 梯形图

计数器认识实训梯形图见图 8-7。

```
     X000                              K10
0  ──┤├─────────────────────────────( C0     )
     C0
4  ──┤├─────────────────────────────( Y000   )
     X001
6  ──┤├─────────────────────────────[ RST C0 ]
9  ─────────────────────────────────[ END    ]
```

图 8-7　计数器认识实训梯形图

实训项目二　三相异步电动机 PLC 点动和自锁控制

一、实训目的

了解使用 PLC 代替传统继电器控制电路的方法及编程技巧,理解并掌握三相异步电动机的点动和自锁控制方式及其实现方法。

二、实训设备

(1)THPJW－1 型电气控制实训考核装置 1 台;
(2)安装有 GX Developer 编程软件的计算机 1 台;
(3)SC－09 下载电缆 1 根;
(4)实训导线若干;
(5)小型三相异步电动机 1 台。

三、实训说明

在传统的强电控制系统中使用了大量的接触器、中间继电器、时间继电器等分立元器件。由于使用的元器件数量和品种多,系统接线复杂,给系统的生产和维护带来困难。因其潜在故障点多,故降低了整个系统的安全可靠性。

采用 PLC 对强电系统进行控制,就可以取代传统的继电接触控制系统,还可构成复杂的过程控制网络。在需要大量中间继电器、时间继电器、计数器的场合,PLC 无需增加硬件设备,仅利用微处理器及存储器的功能,就可以很容易地完成这些逻辑组合和运算,大大降低了控制成本。因此,用 PLC 作为强电系统的控制器件是一种行之有效的解决方案。

本实训中,PLC 对电动机的控制方式分为以下两种。

(一)点动控制

启动:按下按钮 SB_1,X0 的动合触点闭合,Y1 线圈得电,即接触器 KM_2 的线圈得电,0.1 s后 Y0 线圈得电,即接触器 KM_1 的线圈得电,电动机作星形连接运行。

松开 SB_1,电动机停止运转。

(二)自锁控制

启动:按启动按钮 SB_2,X1 的动合触点闭合,Y1 线圈得电,即接触器 KM_2 的线圈得电,0.1 s后 Y0 线圈得电,即接触器 KM_1 的线圈得电,电动机作星形连接运行。

只有按下停止按钮 SB_3,电动机才停止运转。

四、实训接线图

三相异步电动机 PLC 点动和自锁控制接线图如图 8-8 所示。

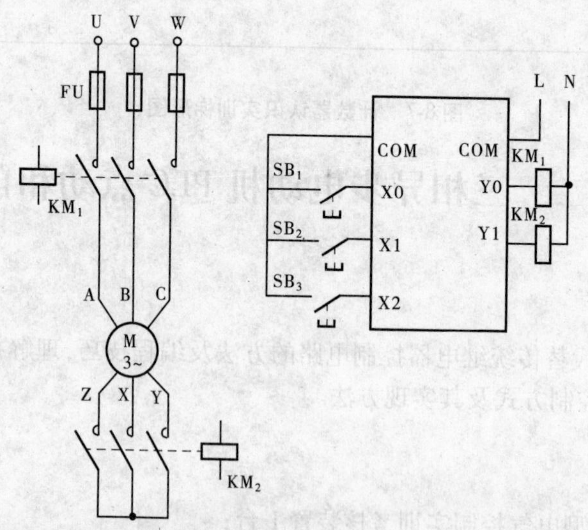

图 8-8　三相异步电动机 PLC 点动和自锁控制接线图

五、梯形图与程序

画出相关梯形图,并编写出程序。

实训项目三　三相异步电动机 PLC 联锁正反转控制

一、实训目的

了解用 PLC 控制代替传统继电器控制的方法，编制程序控制电动机的联锁正反转。

二、实训设备

(1) THPJW－1 型电气控制实训考核装置 1 台；
(2) 安装有 GX Developer 编程软件的计算机 1 台；
(3) SC－09 下载电缆 1 根；
(4) 实训导线若干；
(5) 小型三相异步电动机 1 台。

三、实训说明

三相异步电动机的旋转方向取决于三相电源接入定子绕组的相序，故只要改变三相电源与定子绕组连接的相序即可改变电动机旋转方向。

控制要求：按下按钮 SB_1，接触器 KM_1、KM_3 得电，电动机正转；按下按钮 SB_2，接触器 KM_2、KM_3 得电，电动机反转；按下 SB_3，电动机停止转动；KM_1 与 KM_2 必须形成互锁。

四、实训接线图

三相异步电动机 PLC 联锁正反转控制接线图如图 8-9 所示。

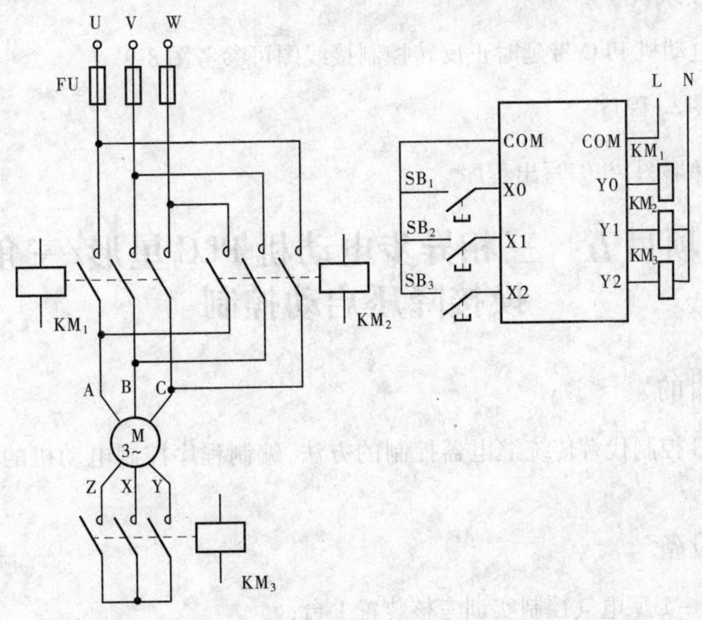

图 8-9　三相异步电动机 PLC 联锁正反转控制接线图

五、梯形图与程序

画出相关梯形图,并编写出程序。

实训项目四　三相异步电动机 PLC 带延时正反转控制

一、实训目的

了解用 PLC 控制代替传统继电器控制的方法,编制程序通过延时来控制电动机的正反转。

二、实训设备

(1)THPJW－1 型电气控制实训考核装置 1 台;
(2)安装有 GX Developer 编程软件的计算机 1 台;
(3)SC－09 下载电缆 1 根;
(4)实训导线若干;
(5)小型三相异步电动机 1 台。

三、实训说明

按启动按钮 SB_1,X0 触点闭合,KM_1、KM_3 线圈得电,电动机正转;延时 5 s 后,KM_1 线圈失电,KM_2 线圈得电,电动机反转。

按启动按钮 SB_2,X1 触点闭合,KM_2、KM_3 线圈得电,电动机反转;延时 5 s 后,KM_2 线圈失电,KM_1 线圈得电,电动机正转。

按停止按钮 SB_3,各接触器线圈均失电,电动机停止运转。

四、实训接线图

三相异步电动机 PLC 带延时正反转控制接线图可参考图 8-9。

五、梯形图与程序

画出相关梯形图,并编写出程序。

实训项目五　三相异步电动机 PLC 星形/三角形换接降压启动控制

一、实训目的

了解用 PLC 控制代替传统继电器控制的方法,编制程序控制电动机的星形/三角形换接降压启动。

二、实训设备

(1)THPJW－1 型电气控制实训考核装置 1 台;
(2)安装有 GX Developer 编程软件的计算机 1 台;

(3)SC－09 下载电缆 1 根；
(4)实训导线若干；
(5)小型三相异步电动机 1 台。

三、实训说明

控制要求：电动机星形/三角形换接启动时，电动机定子绕组按星形接法，即令 KM_1 和 KM_3 得电，使电动机实现星形启动。经一定延时后，先断开 KM_3，而后接通 KM_2，使电动机进入三角形运行状态。

四、实训接线图

三相异步电动机 PLC 星形/三角形换接降压启动控制接线图如图 8-10 所示。

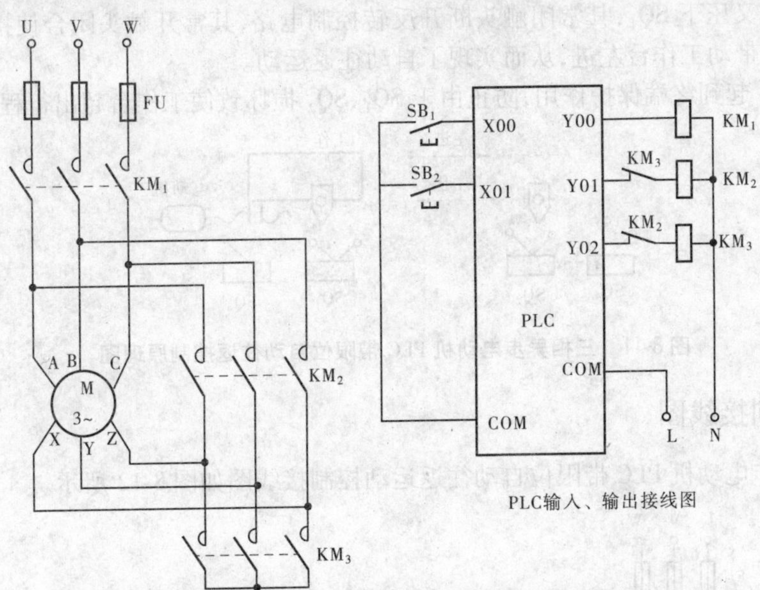

图 8-10　三相异步电动机 PLC 星形/三角形换接降压启动控制接线图

五、梯形图与程序

画出相关梯形图，并编写出程序。

实训项目六　三相异步电动机 PLC 带限位自动往返运动控制

一、实训目的

通过实训理解和掌握三相异步电动机 PLC 带限位自动往返运动控制的原理。

二、实训设备

(1)THPJW－1 型电气控制实训考核装置 1 台；

(2)安装有 GX Developer 编程软件的计算机 1 台;

(3)SC－09 下载电缆 1 根;

(4)实训导线若干;

(5)小型三相异步电动机 1 台。

三、原理说明

图 8-11 为三相异步电动机 PLC 带限位自动往返控制原理图。当工作台的挡块停在限位开关 SQ_1 和 SQ_2 之间的任意位置时,可以按下任一启动按钮 SB_1 或 SB_2 使工作台向任一方向运动。例如,按下正转按钮 SB_1,电动机正转,带动工作台左进。当工作台到达终点时,挡块压下终点限位开关 SQ_2,SQ_2 的常闭触头断开正转控制回路,电动机停止正转,同时 SQ_2 的常开触头闭合,使反转接触器 KM_2 得电动作,工作台右退。当工作台退回原位时,挡块又压下 SQ_1,其常闭触头断开反转控制电路,其常开触头闭合使接触器 KM_1 得电,电动机带动工作台左进,从而实现了自动往返运动。

SQ_3、SQ_4 起到终端保护作用,防止由于 SQ_1、SQ_2 损坏致使工作台超出行程范围。

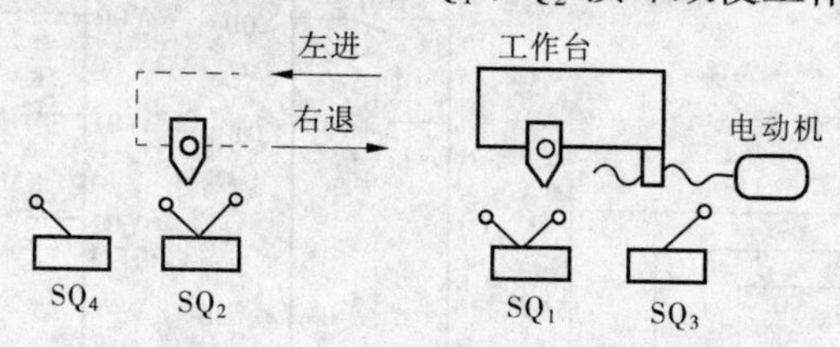

图 8-11　三相异步电动机 PLC 带限位自动往返控制原理图

四、实训接线图

三相异步电动机 PLC 带限位自动往返运动控制接线图如图 8-12 所示。

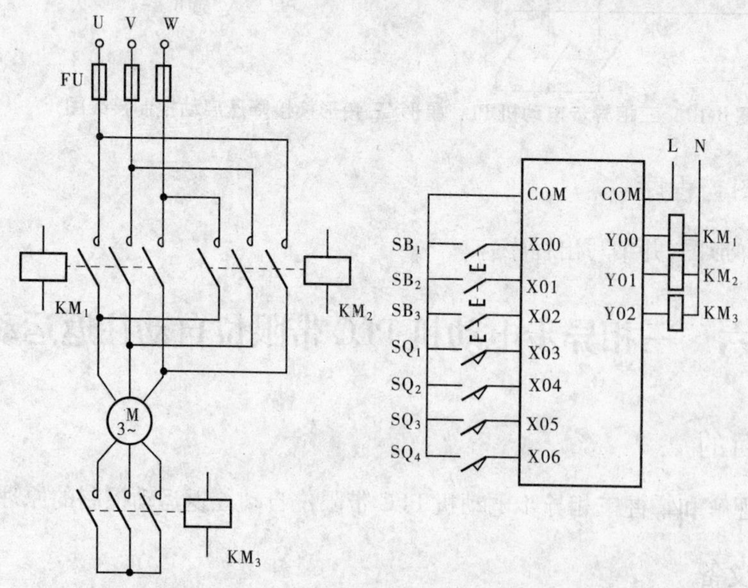

图 8-12　三相异步电动机 PLC 带限位自动往返运动控制接线图

五、实训内容

三相异步电动机接成星形接法，实训线路电源接三相电源输出（U、V、W）。按实训接线图接线，经指导教师检查后，方可进行通电操作。

（1）开启控制屏电源总开关。

（2）按下 SB_1，使电动机正转。

（3）电动机运转一段时间后，用手按下 SQ_2（模拟工作台左进到达终点，挡块压下限位开关），电动机应停止正转，并变为反转。

（4）电动机反转一段时间后，用手按下 SQ_1（模拟工作台右退到达原位，挡块压下限位开关），电动机应停止反转，并变为正转。

（5）重复上述步骤，应能正常工作。

（6）当电动机反转时，按下 SQ_3，电动机停转；当电动机正转时，按下 SQ_4，电动机停转。

六、梯形图与程序

画出相关梯形图，并编写出程序。

第九章 电气控制综合实训

实训项目一 CA6140 型车床电气线路检修

一、实训目的

(1)掌握普通机床电气线路检修的步骤和方法。

(2)熟悉普通机床电气故障的排除方法。

二、实训内容

CA6140 型车床电气线路识读与检修。

三、相关知识

(一)电路分析

CA6140 型车床电气原理图如图 9-1 所示。

1. 主电路分析

主电路中共有 3 台电动机：M_1 为主轴电动机，带动主轴旋转和刀架作进给运动；M_2 为冷却泵电动机；M_3 为刀架快速移动电动机。

三相交流电源通过开关 QS_1 引入。主轴电动机 M_1 由接触器 KM_1 控制启动，热继电器 FR_1 为主轴电动机 M_1 的过载保护。冷却泵电动机 M_2 由接触器 KM_2 控制启动，热继电器 FR_2 为 M_2 的过载保护。刀架快速移动电动机 M_3 由接触器 KM_3 控制启动，由于 M_3 是短期工作的，故未设有过载保护。

2. 控制电路分析

控制回路的电源由控制变压器 TC 输出 127 V 电压提供。

1)主轴电动机的控制

按下启动按钮 SB_2，接触器 KM_1 的线圈获电动作，其主触头闭合，主轴电动机启动运行。同时，KM_1 的自锁触头和另一对常开触头闭合。按下按钮 SB_1，主轴电动机 M_1 停车。

2)冷却泵电动机的控制

如果车削加工过程中需要使用冷却液，可以合上开关 QS_2，在主轴电动机 M_1 运转的情况下，接触器 KM_2 线圈获电吸合，其主触头闭合，冷却泵电动机 M_2 获电而运行。由图 9-1可知，只有主轴电动机 M_1 启动后，冷却泵电动机 M_2 才有可能启动，当 M_1 停止运行时，M_2 也自动停止。

3)刀架快速移动电动机的控制

刀架快速移动电动机 M_3 的启动是由按钮 SB_3 来控制的，它与接触器 KM_3 组成点动控制环节。将操纵手柄扳到所需的方向，压下按钮 SB_3，接触器 KM_3 获电吸合，M_3 启动，刀架就向指定方向快速移动。

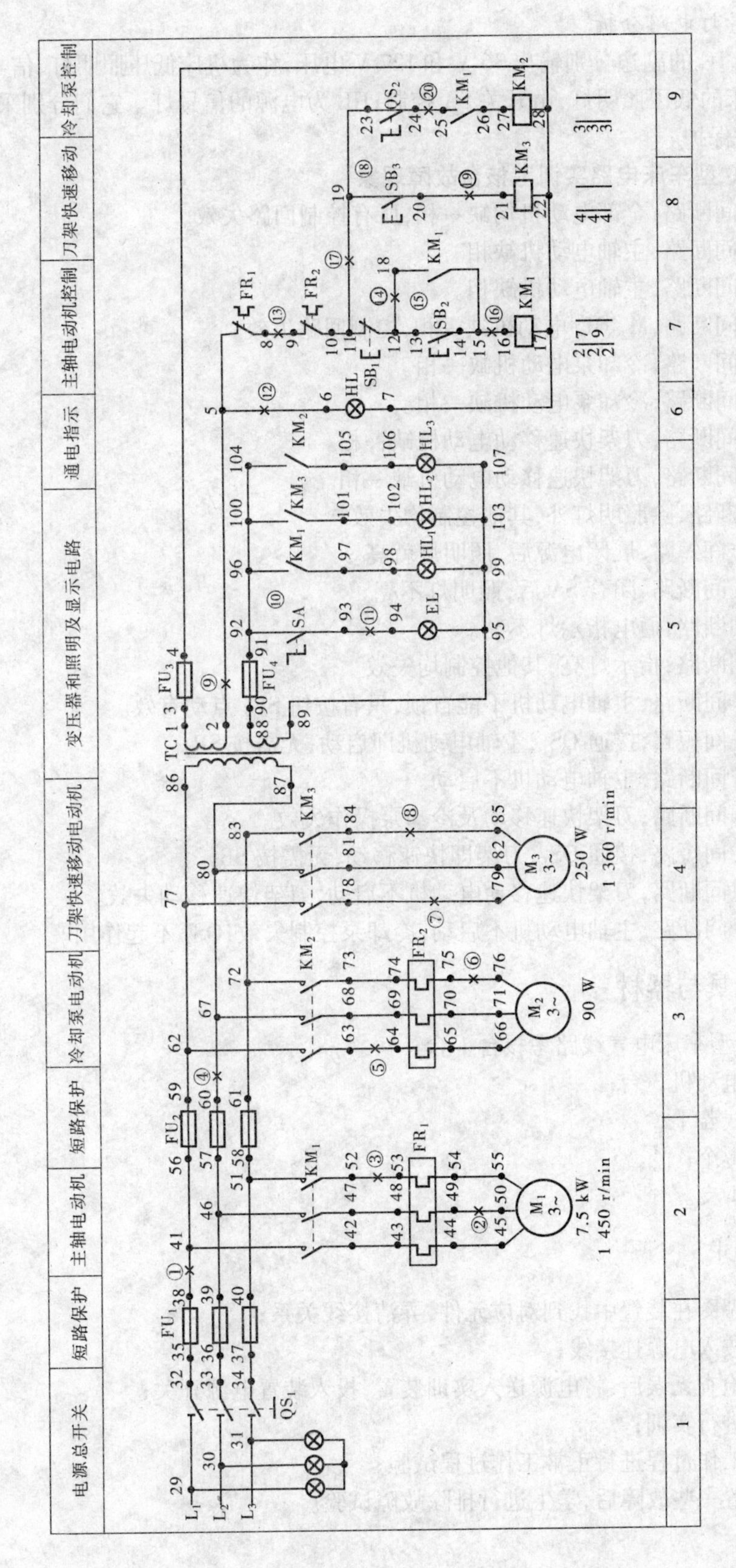

图 9-1 CA6140 型车床电气原理图

3. 照明、信号灯电路分析

控制变压器 TC 的副边分别输出 36 V 和 127 V 电压，作为机床低压照明灯、信号灯的电源。EL 为机床的低压照明灯，由开关 SA 控制；HL 为电源的信号灯。它们分别采用 FU 和 FU_3 作为短路保护。

(二) CA6140 型车床电路实训考核台故障现象

(1)38—41 间断路，全部电动机均缺一相，所有控制回路失效。

(2)49—50 间断路，主轴电动机缺相。

(3)52—53 间断路，主轴电动机缺相。

(4)60—67 间断路，M_2、M_3 电动机缺一相，控制回路失效。

(5)63—64 间断路，冷却泵电动机缺一相。

(6)75—76 间断路，冷却泵电动机缺一相。

(7)78—79 间断路，刀架快速移动电动机缺一相。

(8)84—85 间断路，刀架快速移动电动机缺一相。

(9)2—5 间断路，除照明灯外，其他控制均失效。

(10)92—93 间短路，展闭电源后，照明灯就亮。

(11)93—94 间断路，闭合 SA 后，照明灯不亮。

(12)5—6 间断路，通电指示灯不亮。

(13)8—9 间断路，指示灯亮，其他控制均失效。

(14)12—18 间断路，主轴电动机不能自锁，只有按钮 SB_2 点动有效。

(15)13—14 间短路，接通 QS_1，主轴电动机即启动，无需按 SB_2。

(16)15—16 间断路，主轴电动机不启动。

(17)11—19 间断路，刀架快速移动及冷却泵操作失效。

(18)19—20 间短路，接通 QS_1，刀架即快速移动，无需按 SB_3。

(19)20—21 间断路，刀架快速移动电动机不启动，刀架快速移动失效。

(20)24—25 间断路，主轴电动机不启动，冷却泵控制失效，QS_2 不起作用。

四、实训工具与器材

(1)CA6140 型车床电气线路考核台 1 台；

(2)小容量电动机 3 台；

(3)实训导线若干；

(4)万用表 1 个；

(5)验电笔 1 支。

五、实训要求

(1)根据原理图在装置中找到对应元件，弄清接线关系；

(2)按要求按入电源连接线；

(3)在老师检查无误后，将电源送入实训装置，投入装置电源开关；

(4)按要求进行实训；

(5)按设备工作过程进行正常工作过程试验；

(6)老师设置一些故障后，学生进行排除故障试验。

六、实训考核

实训考核成绩评分标准如表9-1所示。

表9-1　实训考核成绩评分标准

序号	考核内容	考核要求	评分标准	配分	扣分	得分
1	识图	正确识读电路图	(1)错误解释和表述文字、符号的意义，每个扣2分； (2)错误说明设备在电路中的作用，每个扣5分	10		
2	识别设备、材料	正确识别所需设备、材料	(1)设备、材料型号识错，每个扣2分； (2)设备、材料规格识错，每个扣5分	10		
3	选用仪器、仪表	正确选用所需仪器、仪表检测元器件及电路	(1)错误选择仪器、仪表的规格和型号，每项扣2分； (2)使用方法不正确扣2分； (3)试运行记录错误，每项扣2分	10		
4	选用工具、器具	正确选用所需电工工具、器具	(1)错误选择工具、器具类别和规格均扣2分； (2)使用方法不正确扣2分	10		
5	安全与文明生产	操作过程符合电工作业安全规范和文明生产要求	(1)违反规程，每项扣2分； (2)操作现场工具、器具和仪表、材料摆放不整齐扣2分； (3)不听指挥致使发生严重设备和人身事故的，取消考试资格	10		
6	导线剥削	导线剥削工艺正确	(1)芯线露出长度不正确扣2分； (2)损坏芯线扣5分	10		
7	接线操作	接线正确、符合工艺要求	(1)接、布线不规范，每处扣1分； (2)接线错误，每处扣4分； (3)接触不良，每处扣2分； (4)接线不完整，每空一端子扣4分； (5)接线时间超过5 min扣2分	15		
8	检查运行	正确检查线路，故障排查、试运行一次成功	(1)检查线路，每漏一项扣2分； (2)故障未排除，每项扣5分； (3)一次送电不成功扣5分	25		
备注			合计	100		
			教师签字	年	月	日

实训项目二　CA6140 型车床的电气控制及用 PLC 进行改造

一、实训目的

(1)了解本实训项目的技术内容,包括控制要求、电气原理图、I/O 分配表、梯形图等。

(2)掌握本实训项目的实践操作,包括电气接线、程序录入、操作调试、新方案试行等。

二、实训内容

对 CA6140 型车床原有控制线路进行分析,并应用 PLC 技术对其进行改造。

三、相关知识

CA6140 型车床是我国自行设计制造的一种普通车床,采用 PLC 技术对其电气控制线路进行改造,可简化接线、提高设备的可靠性,具有重要的实践意义。

(一)CA6140 型车床原有电气控制线路分析

图 9-2 为 CA6140 型车床原有电气控制线路,包括主电路、控制电路及照明电路等。

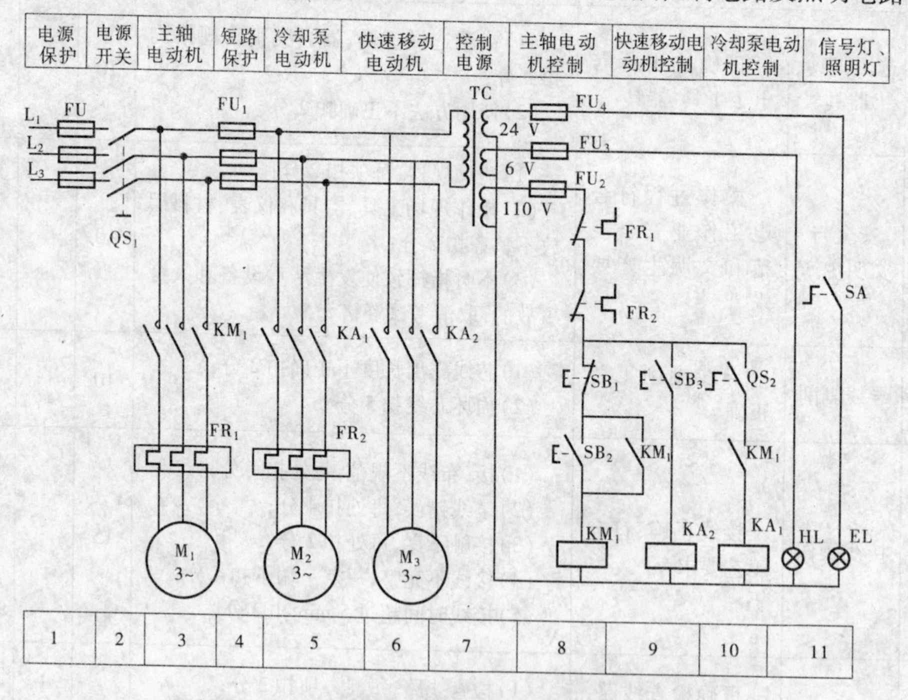

图 9-2　CA6140 型普通车床原有电气控制线路原理图

1. 主电路分析

主电路有 3 台电动机:M_1 为主轴电动机,拖动主轴旋转,并通过进给机构实现车床的进给运动;M_2 为冷却泵电动机,拖动冷却泵输出冷却液;M_3 为刀架快速移动电动机,拖动溜板,实现快速移动。

三相交流电源通过电源开关 QS_1 引入,3 台电动机均采用全压直接启动。主轴电动机 M_1 由接触器 KM_1 控制启动,并用热继电器 FR_1 实现主轴电动机 M_1 的过载保护。冷却泵电动机 M_2 由继电器 KA_1 控制启动,并用热继电器 FR_2 实现对冷却泵电动机的过载保护。刀架快速移动电动机 M_3 由继电器 KA_2 控制。

2. 控制电路分析

以控制变压器 TC 二次侧输出的 110 V 电压作为控制电路的电源。

按钮 SB_2 为主轴电动机 M_1 的启动按钮,按钮 SB_1 为主轴电动机的停止按钮,按钮 SB_3 为快速移动电动机 M_3 的点动按钮,手动开关 QS_2 为冷却泵电动机 M_2 的启动开关。

1)主轴电动机的控制

按下启动按钮 SB_2,接触器 KM_1 线圈得电吸合并自锁,其主触头闭合,主轴电动机 M_1 启动。按下停止按钮 SB_1,电动机 M_1 停止转动。

2)冷却泵电动机的控制

冷却泵电动机 M_2 只有在主轴电动机启动后才能启动。待主轴接触器 KM_1 触头闭合之后,再将手动开关 QS_2 扳至闭合位置,继电器 KA_1 线圈得电吸合,冷却泵电动机 M_2 启动旋转;将手动开关 QS_2 扳至断开位置,继电器 KA_1 断电释放,冷却泵电动机 M_2 停转。

3)刀架快速移动电动机的控制

刀架快速移动电动机 M_3 由安装在进给操纵手柄顶端的按钮 SB_3 来控制,它与继电器 KA_2 组成点动控制电路。压下按钮 SB_3,继电器 KA_2 得电吸合,电动机 M_3 启动,刀架按指定方向快速移动;松开按钮 SB_3 之后,M_3 即随之停转。

3. 照明电路

机床照明电路由控制变压器 TC 供给交流 24 V 安全电压,并由手控开关 SA 直接控制照明灯 EL;机床电源信号灯 HL 由控制变压器 TC 供给 6 V 电压,当机床引入电源后点亮,提醒机床已带电,要注意安全。

控制电路、信号电路、照明电路均设有短路保护功能,分别由熔断器 FU_2、FU_3、FU_4 付诸实现。

(二)用 PLC 对 CA6140 型车床的电气控制线路进行改造

1. 确定 PLC 的 I/O 分配表

根据 CA6140 型普通车床的控制要求,确定 PLC 的 I/O 分配情况,如表 9-2 所示。

表 9-2　CA6140 型普通车床用 PLC 的 I/O 分配情况

输入信号			输出信号		
名称	代号	输入点编号	名称	代号	输出点编号
主轴电动机 M_1 停止按钮	SB_1	X0	接触器	KM_1	Y0
主轴电动机 M_1 启动按钮	SB_2	X1	中间继电器	KA_1	Y1
快速移动电动机 M_3 点动按钮	SB_3	X2	中间继电器	KA_2	Y2
冷却泵电动机 M_2 手动开关	QS_2	X3			
过载保护热继电器	FR_1 FR_2	X4 X5			

2. 确定用 PLC 改造之后的电气接线原理图

采用 PLC 对 CA6140 型车床进行改造后的电气接线原理图如图 9-3 所示。

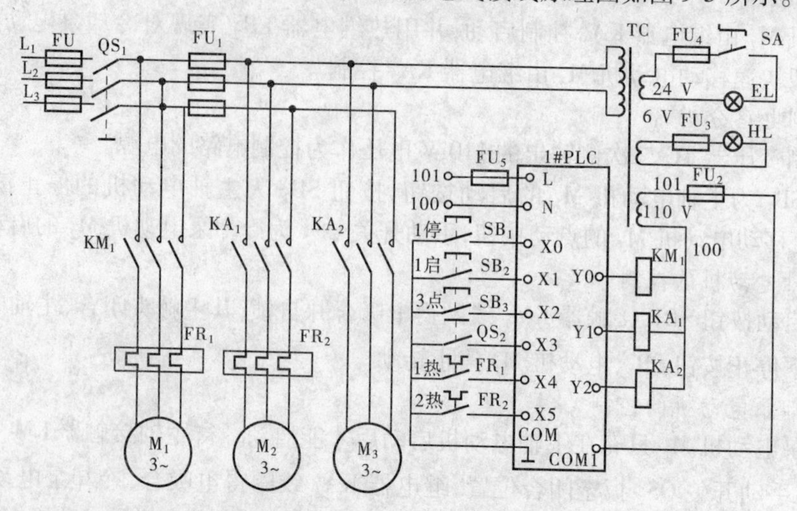

图 9-3　CA6140 型普通车床用 PLC 改造后的电气接线原理图

3. 确定 PLC 控制程序的梯形图

采用“老改新”转换编程法，将原有的继电器控制电路转换成 PLC 的虚拟电路。控制程序的梯形图如图 9-4 所示。

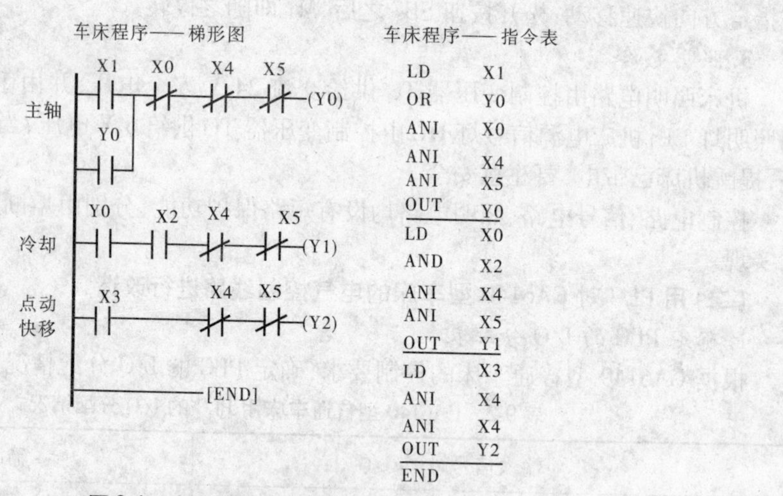

图 9-4　车床控制程序的梯形图、指令表

该梯形图由主轴、冷却、点动快移等三个梯级构成，其工作过程比较简单，作为一次课外练习，请读者自行分析。

四、实训要求

（1）使用实训设备，完成本实训项目的电气接线、程序录入、半仿真调试、新方案试行等操作任务。

（2）主要实训步骤。①接线，操作顺序：拟定接线图→断开电源开关→完成设备连线;②编程:确定程序的梯形图→录入到计算机→转为指令表→保存→写到 PLC;③半仿真调试;④新方案试行;⑤填写报告。

(3)实训内容及实训过程描述。下面结合主要实训步骤,对实训内容及实训过程进行详细的描述。

①接线。操作顺序:拟定接线图→断开电源开关→完成设备连线。

依据 I/O 分配图,结合 PLC-3 实训台,先拟定本例的 I/O 接线简图;然后按照 I/O 接线简图所示的 I/O 接线关系接好 PLC 与外部设备之间的连线。接线之前,一定要先断开 PLC-3 实训台上的 24 V 负载电源开关,以免造成短路。

②编程。操作顺序:确定程序的梯形图→录入到计算机→转为指令表→保存→写到 PLC。

在计算机上启动"FXGP"编程软件,将程序的梯形图录入到计算机,转为指令表,保存到硬盘,下载到 PLC。

• 第一,确定程序的梯形图。

按照控制要求,确定程序的梯形图如图 9-4 所示。

• 第二,梯形图→(录入到)计算机。(双击)FX 图标→(开启)FXGP 梯形图编程窗口→(录入)程序的梯形图。

• 第三,梯形图→(转为)指令表。(指向)菜单|(点)工具|转换,编程软件将梯形图自动转换成指令表。

• 第四,保存程序,以备后用。(指向)菜单|(点)文件|保存→文件名:××××.PMW→确定。

• 第五,程序的指令表从计算机经编程电缆写到 PLC。先用编程电缆将 PLC 与计算机相连。(指向)菜单|(点)PLC|传送|写出→(弹出)对话框:起始步[0] 终止步[300]→确定。

③半仿真调试。利用 PLC-3 实训台上的 PLC,按照控制要求,对控制程序进行半仿真调试,具体过程略。

④新方案试行。例如,给主轴、冷却、快移各增加 1 个状态指令灯,那么控制电路应如何修改?试试看。

五、实训工具与器材

(1)CA6140 型车床电气线路考核台 1 台;

(2)安装有 GX Developer 编程软件的计算机 1 台;

(3)SC-09 下载电缆 1 根;

(4)实训导线若干;

(5)万用表 1 个。

六、实训考核

实训考核成绩评分标准如表 9-3 所示。

表 9-3　实训考核成绩评分标准表

序号	考核内容	考核要求	评分标准	配分	扣分	得分
1	识图	正确识读电路图	(1)错误解释和表述文字、符号意义,每个扣1分; (2)错误说明设备在电路中的作用,每个扣2分	5		
2	识别设备、材料	正确识别所需设备、材料	(1)设备、材料型号识错,每个扣2分; (2)设备、材料规格识错,每个扣3分	5		
3	选用仪器、仪表	正确选用所需仪器、仪表检测元器件及电路	(1)错误选择仪器、仪表的规格和型号,每项扣2分; (2)使用方法不正确扣2分; (3)测量结果错误,每项扣2分	10		
4	选用工具、器具	正确选用所需电工工具、器具	(1)错误选择工具、器具类别和规格均扣1分; (2)使用方法不正确扣1分	5		
5	安全与文明生产	操作过程符合电工作业安全规范和文明生产要求	(1)违反规程,每项扣2分; (2)操作现场工具、器具和仪表、材料摆放不整齐扣2分; (3)不听指挥致使发生严重设备和人身事故的,取消考试资格	10		
6	检查与安装	正确、全面检查设备、元件和电路;正确绘制出梯形图、编写和输入程序,接线正确	(1)检查每漏一项扣2分; (2)梯形图每错一处扣2分; (3)程序错误扣6分; (4)电路安装接线每错一处扣2分	15		
7	调试作业	调试步骤合理、方法正确,整定值准确,制动元件动作可靠	(1)调试步骤不合理、方法不当均扣2分; (2)继电器整定值调整不准确扣3分; (3)电气元件动作不可靠扣3分	30		
8	检查运行	正确检查线路,试运行一次成功	(1)检查线路,每漏一项扣3分; (2)试运行一次不成功扣10分	20		
备注			合计	100		
			教师签字	年	月	日

附　录

附录一　常见元件图形符号、文字符号一览表

类别	名称	图形符号	文字符号	类别	名称	图形符号	文字符号
开关	单极控制开关	或	SA	位置开关	常开触头		SQ
	手动开关一般符号		SA		常闭触头		SQ
	三极控制开关		QS		复合触头		SQ
	三极隔离开关		QS	按钮	常开按钮		SB
	三极负荷开关		QS		常闭按钮		SB
	组合旋钮开关		QS		复合按钮		SB
	低压断路器		QF		急停按钮		SB
	控制器或操作开关	后 前 2 1 0 1 2	SA		钥匙操作式按钮		SB

类别	名称	图形符号	文字符号	类别	名称	图形符号	文字符号
接触器	线圈操作器件		KM	热继电器	热元件		FR
	常开主触头		KM		常闭触头		FR
	常开辅助触头		KM	中间继电器	线圈		KA
	常闭辅助触头		KM		常开触头		KA
时间继电器	通电延时（缓吸）线圈		KT		常闭触头		KA
	断电延时（缓放）线圈		KT	电流继电器	过电流线圈	I >	KA
	瞬时闭合的常开触头		KT		欠电流线圈	I <	KA
	瞬时断开的常闭触头		KT		常开触头		KA
	延时闭合的常开触头	或	KT		常闭触头		KA
	延时断开的常闭触头	或	KT	电压继电器	过电压线圈	U >	KV
	延时闭合的常闭触头	或	KT		欠电压线圈	U<	KV
	延时断开的常开触头	或	KT		常开触头		KV

类别	名称	图形符号	文字符号	类别	名称	图形符号	文字符号
电磁操作器	电磁铁的一般符号	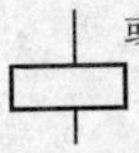 或 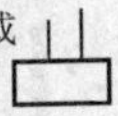	YA	电压继电器	常闭触头		KV
	电磁吸盘	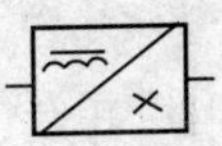	YH	电动机	三相笼型异步电动机	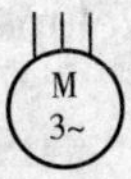 M 3~	M
	电磁离合器	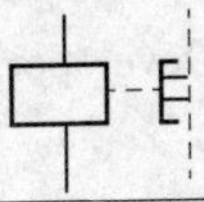	YC		三相绕线转子异步电动机	 M 3~	M
	电磁制动器	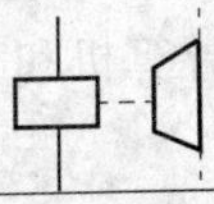	YB		他励直流电动机	 M	M
	电磁阀	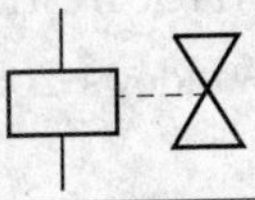	YV		并励直流电动机	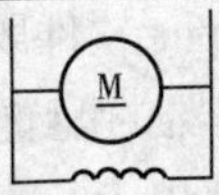 M	M
非电量控制的继电器	速度继电器常开触头	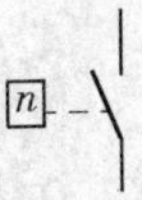 n	KS		串励直流电动机	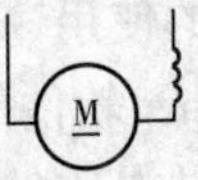 M	M
	压力继电器常开触头	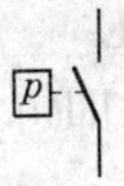 p	KP	熔断器	熔断器		FU
发电机	发电机	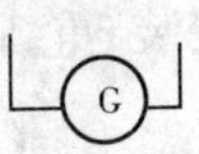 G	G	变压器	单相变压器	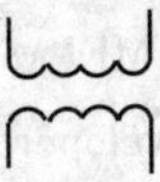	TC
	直流测速发电机	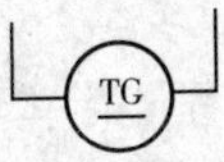 TG	TG		三相变压器	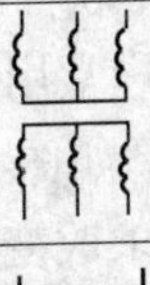	TM
灯	信号灯（指示灯）		HL	互感器	电压互感器		TV
	照明灯		EL		电流互感器	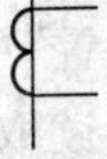	TA
接插器	插头和插座	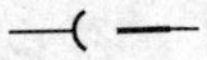 或 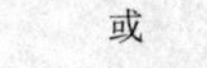	X 插头 XP 插座 XS	电抗器	电抗器		L

附录二　GX Developer 软件的使用方法及编程规则

一、GX Developer 软件的使用方法

GX Developer 是三菱通用性较强的编程软件，能够为用户开发、编辑和控制自己的应用程序提供了良好的编程环境。为了能快捷高效地开发个人的应用程序，GX Developer 软件提供了梯形图、指令表和 SFC 三种程序编辑器。GX Developer 软件还提供了在线帮助系统，以便获取所需要的信息。

本书中各实训使用的编程软件是 GX Developer 7.0 版本。在实训前，首先将该软件根据软件安装的提示安装到计算机上，然后用编程电缆将计算机和实训装置连接到一起。

（一）系统需求

GX Developer 软件既可以在 PC 上运行，也可以在 MITSUBISHI 公司的编程器上运行。PC 或编程器的配置如下：Windows 95/Windows 98/Windows 2000/Windows ME 或者 Windows NT4.0 以上。

（二）软件的使用

GX Developer 软件的安装：

在未安装过本软件的系统中安装时，请先安装 X：\GX7.0 - C\SW7D5C - GPPW - CL\SW7D5C - GPPW - C\QSS_Support\EnvMEL\SETUP. EXE。

双击"SETUP. EXE"，按照页面提示，单击"下一步"安装即可。

安装完成后，再双击 X：\GX7.0 - C\SW7D5C - GPPW - CL\SW7D5C - GPPW - C\QSS_Support\EnvMEL\SETUP. EXE。按照页面提示完成安装，重新启动计算机即可使用。

（三）GX Developer 软件的使用

GX Developer 软件的基本使用方法与一般基于 Windows 操作系统的软件类似，在这里只介绍一些用户常用的操作 PLC 的用法：

（1）工程菜单如图 1 所示。在"软件"菜单里的"工程"菜单下，选择"改变 PLC 类型"，即可根据要求改变 PLC 类型。选择"读取其他格式的文件"选项，可以将 FXGP_WIN - C 编写的程序转化成 GX 工程。选择"写入其他格式的文件"选项，可以将用本软件编写的程序转化为 FX 工程。

（2）在线菜单如图 2 所示。

①在"传输设置"中可以改变计算机与 PLC 通信的参数，如图 3 所示。

②选择"PLC 读取"、"PLC 写入"、"PLC 校验"选项可以对 PLC 进行程序的上传、下载、比较操作，如图 4 所示。

③选择不同的数据可对不同的文件进行操作。

④选择"监视"选项可以对 PLC 状态进行实时监视。

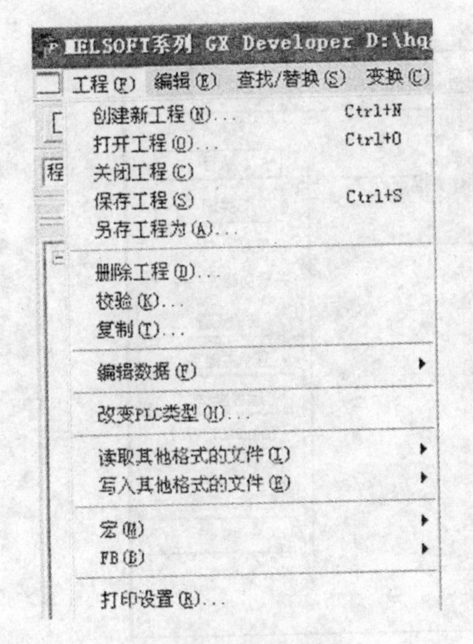

图1 工程菜单

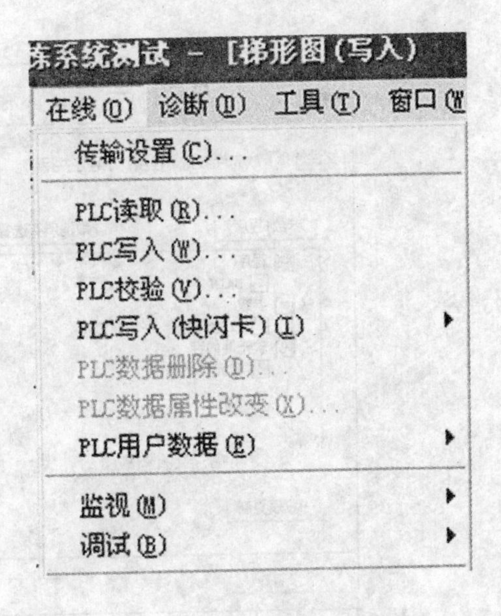

图2 在线菜单

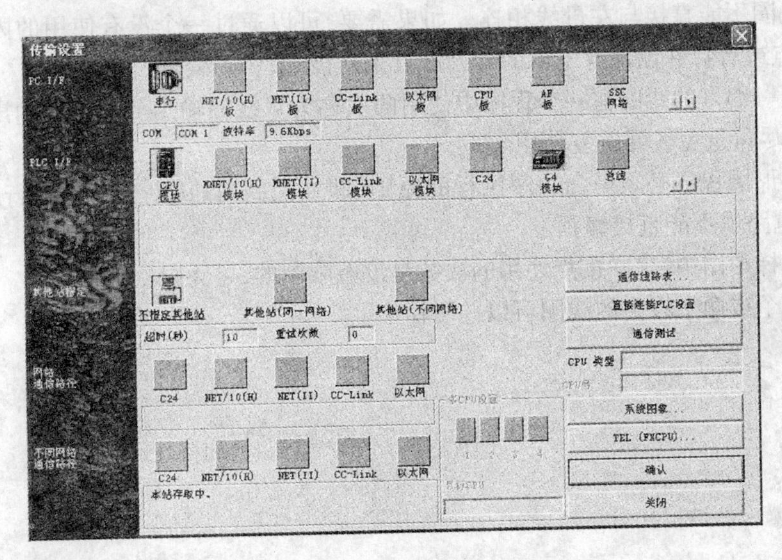

图3 传输设置

⑤选择“调试”选项可以完成对PLC的软件测试、强制输入输出和程序执行模式变化等操作。

二、GX Developer软件的编程规则

(1)外部输入/输出继电器、内部继电器、定时器、计数器等器件的接点可多次重复使用,无需用复杂的程序结构来减少接点的使用次数。

(2)梯形图中每一行都是从左母线开始的,线圈接在右边。接点不能放在线圈的右边,在继电器控制的原理图中,热继电器的接点可以加在线圈的右边,而在PLC的梯形图中是不允许的。

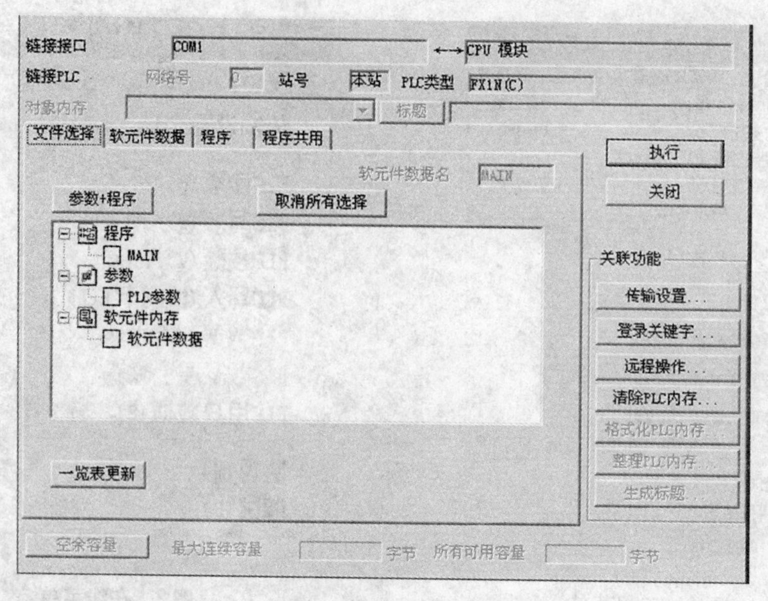

图 4　程序写入画面

(3)线圈不能直接与左母线相连。如果需要,可以通过一个没有使用的内部继电器的常闭接点或者特殊内部继电器的常开触点来连接。

(4)同一编号的线圈在一个程序中使用两次称为双线圈输出。双线圈输出容易引起误操作,应尽量避免线圈重复使用。

(5)梯形图程序必须符合顺序执行的原则,即从左到右、从上到下地执行,不符合顺序执行的电路就不能直接编程。

(6)在梯形图中,串联接点使用的次数是没有限制的,可无限次地使用。

(7)两个或两个以上的线圈可以并联输出。

参考文献

[1] 杨亚平. 电工技能与实训[M].北京:电子工业出版社,2009.
[2] 宋美清. 电工技能训练[M].北京:中国电力出版社,2009.
[3] 金明. 维修电工实训教程[M].南京:东南大学出版社,2006.
[4] 马高原,兰家富. 维修电工技能训练[M].北京:机械工业出版社,2004.
[5] 陈向群. 电能计量技能考核培训教材[M].北京:中国电力出版社,2003.
[6] 刘介才. 工厂供电[M]. 北京:机械工业出版社,2002.
[7] 李静梅. 电力拖动控制线路与技能训练[M].北京:中国劳动社会保障出版社,2001.
[8] 方承远. 工厂电气控制技术[M].北京:机械工业出版社,2000.